여자아이의 뇌

뇌과학이 알려 주는 딸 육아의 모든 것

여자아이의 뇌

아리타 히데호 지음 | 이소담 옮김

우리 뇌의
기본형은 여자?

딸은 왜
감정을 잘 숨길까?

기분이 수시로
바뀌는 이유는?

딸은 어떤 것에
의욕을 보일까?

유노
라이프
LIFE

뇌과학이 알려 주는
딸 육아의 모든 것

"좋겠어요. 딸아이는 키우기 쉬워서요."

딸을 둔 엄마라면 이런 말을 들어본 경험, 생각보다 많지 않나요? 사실 남자아이와 비교하면 여자아이는 상대적으로 얌전하고 부모 말도 잘 듣지요. 이렇다 할 엄청난 사고를 치지도 않는 듯하고요.

그런데 어딘가 모르게 조심스러운 부분이 있습니다. 아들보다 상처를 더 많이 받을까 봐 말을 가려서 하거나 딸의 마

여자아이의 뇌

음을 맞추는 일에 더 신경을 쓰게 되지요.

딸아이가 만 9~10세 정도가 되면 점점 성장하면서 슬슬 사춘기를 맞이합니다. 여자아이를 마냥 귀여운 아이라고 생각하기에는 어려운 존재로 변하지요. 부모가 보기에 '아, 딸이 갑자기 어른스러워졌네?' 싶은 행동도 많아집니다.

눈에 넣어도 아프지 않은 딸아이를 위해 부모가 성심성의껏 조언해도 "흐응" 하고 영 무뚝뚝한 태도를 보여요. 그런데 친구들과 대화를 나눌 때면 다른 사람이 된 듯 발랄하지요. 누굴 상대하느냐에 따라서 활기가 넘칠 때도 있고 기운이 없을 때도 있고, 태도가 확확 달라집니다. 딸의 그런 모습을 생생히 지켜보다 못한 엄마 입에서는 이런 말이 나오지요.

"딸의 기분을 도대체 모르겠어."

딸에 대해서 어지간해선 다 안다고 믿었는데 언제부터 딸과 멀어졌다고 느끼는 엄마가 많습니다. 같은 여성이다 보니 남자아이를 키울 때처럼 잘 모르는 것도 아닌데, 알 것 같으면서 도무지 모르겠는 딸아이의 마음…. 그래서 애가 타고 초조한 나머지 엄마들은 우울해집니다.

'혹시 내가 아이를 잘못 키우나?'

왜 이런 일이 생길까요? 뇌과학 분야에서는 '뇌가 마음에 미치는 영향'을 상당히 명확하게 밝혀냈습니다.

남녀의 뇌는 서로 다르게 태어나지만 차이가 크게 벌어지지는 않고, 유아기와 학동기를 거치며 서서히 성장합니다. 그러다가 사춘기를 맞이하면서 양상이 확 달라지지요. 아이의 기분을 파악하기 어려운 이유도 사실은 뇌의 변화와 관련이 있습니다.

초등학생 고학년 딸을 둔 엄마들은 이렇게 하소연하지요.

"딸과 오늘도 싸우고 말았어요."
"딸이 자꾸 삐지는데 이유를 전혀 알 수 없어요."

엄마와 딸이 서로 이해하지 못하는 이유는 엄마의 육아법이 별로여서라거나 딸이 나쁜 아이여서가 절대로 아니에요. 뇌에서 일어나는 변화가 여자아이의 사고방식이나 행동을 좌우하기 때문입니다.

예를 들어, 여자아이가 사춘기에 들어서면 성호르몬의 영

여자아이의 뇌

향으로 뇌에서 변화가 현저하게 나타납니다. 여자아이는 '공감을 관장하는 뇌'가 강해지고 남자아이는 '의욕을 관장하는 뇌'가 강해지는 특성이 생기지요.

뇌의 이러한 성장 구조를 이해하면 딸아이 육아가 훨씬 즐겁고 편해질 것입니다.

이 책에서는 여자아이를 이해할 때 필요한 '마음'과 '기분'이라는 두 가지 개념을 사용하는데, 이 둘 사이에 엄밀한 구별은 없습니다. 일반적으로 단어를 쓰는 감각에 따라 '마음의 성장'이나 '기분을 잘 모르겠다'처럼 표현했습니다.

이 책에 담은 태아기부터 사춘기까지 여자아이의 뇌 이야기를 읽고, 아이를 양육하는 데 꼭 필요한 도움을 얻기를 바랍니다.

뇌생물학자

아리타 히데호

· 목차 ·

1장

여자아이의 뇌,
남자아이보다 먼저 있었다

2장

뇌 속의 뇌, 전두엽전영역이
여자아이를 움직인다

3장

딸을 이해하기 힘들 때,
뇌를 알아야 하는 이유

4장

여자아이의 의욕 뇌,
집중 뇌를 키우는 법

5장

행복한 여자아이의 뇌는
이렇게 자란다

1장

여자아이의 뇌,
남자아이보다
먼저 있었다

임신 3개월, 태아에
존재하는 마음

———

갓 태어난 아기는 말도 못 하고 그야말로 백지상태이지요. 그렇기에 아기의 마음 발달은 태어난 뒤부터 이뤄진다고 생각하는 부모들이 많습니다.

우리는 보통 남자아이와 여자아이의 몸 구조가 태아기 때부터 다르다고 생각합니다. 하지만 감정이나 기분 같은 내면은 여자아이도 남자아이도 똑같이 발달한다고 생각하지요. 대부분 아이가 태어난 뒤에 성장하면서 마음의 차이를 보인다고 생각할 것입니다.

실제로는 좀 더 이른 단계에서 변화가 생깁니다. 엄마의 배 속에서 여성 생식기와 남성 생식기가 만들어지는 시기와 거의 비슷하게 내면도 만들어집니다.

8센티미터 안에 든
마음의 씨앗

임신 3개월경에 뇌 중추 신경이 왕성하게 발달하면서 아이의 머릿속에 마음과 관련이 깊은 뇌가 만들어집니다. 아이는 태어나서 '응애응애' 하고 우는 시점에 이미 '마음'을 갖추고 태어나지요.

임신 3개월에 태아의 몸길이는 약 8센티미터입니다. 어른 손바닥에 겨우 올라갈 정도의 크기입니다. 엄마 배도 아직 많이 나오지 않고, 초음파 검사를 해도 간신히 머리와 몸을 알아볼 정도입니다. 아직 산부인과에서 성별을 구분하기도 어려운 시기지만, 그 자그마한 존재가 여자아이라면 벌써 여자의 뇌가 발달하기 시작하고 아이의 마음도 자라는 것이지요.

뇌가 다르니
행동도 다르다

—

남자와 여자의 마음은 구체적으로 어떤 점이 어떤 식으로 다를까요? 우리의 마음을 관장하는 '뇌'의 구조를 보면 이를 설명할 수 있습니다.

여자아이의 뇌는 남자아이의 뇌보다 크기가 살짝 작다는 사실을 아시나요? 뇌 전체 크기도 조금 차이가 나는데, 그보다 중요한 것은 뇌 속 '성 중추'의 크기입니다.

여자아이의 뇌는
무엇이 다를까

우선, 뇌 이야기가 나오면 반드시 등장하는 부위가 '시상하부'입니다. 위치는 거의 뇌 정중앙 부근이지요.

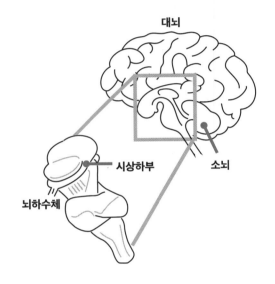

시상하부는 뇌의 중간에 있고 주요 신경 세포가 가득하다

시상하부에는 식욕, 성욕, 수면, 체온 조절 등과 연결된 중요한 신경 세포가 많이 모여 있습니다. 그중에 여자아이와 남자아이를 지배하는 성 중추가 존재하지요.

성 중추의 크기는 남자아이가 더 크고, 여자아이는 남자아이보다 작습니다.

뇌 구조의 성별 차이는 크기 이외에도 더 존재합니다. 우뇌와 좌뇌를 연결하는 '뇌들보'가 그렇지요. 여기에도 여자아이의 마음이 자라는 비밀이 있습니다.

뇌들보는 우뇌와 좌뇌를 연결하는 신경섬유 다발로, 좌뇌와 우뇌는 뇌들보를 통해 언어 정보나 시각 정보 등의 정보 교환을 왕성하게 합니다.

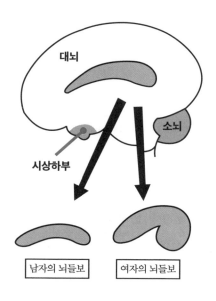

여자는 뇌들보가 굵고 남자는 가늘다

두 개의 뇌를 잇는 연락망이라고 생각하면 이해하기 쉽겠지요. 뇌들보는 여자아이가 더 큽니다. 남자아이보다 훨씬 굵습니다. 여자의 뇌들보는 굵고 짧아서 좌우 뇌를 오가는 정보량이 많고, 남자의 뇌들보는 가늘고 길어서 좌우 뇌를 오가는 정보량이 적지요.

굵직한 뇌들보는 그곳을 지나는 정보량을 풍부하게 합니다. 여자아이가 어학이나 소통 능력이 뛰어나고 세세한 일을 잘 알아차리는 이유 중 하나는 뇌들보가 굵어서 많은 정보를 주고받을 수 있기 때문입니다.

여자가 남자보다 말하기를 좋아하고, 섬세하며 감정적으로 반응하기 쉽다고 흔히 이야기하는 것도, 뇌들보가 굵어서 좌뇌와 우뇌의 연락이 잘 이루어지기 때문이지요. 바로, 여자는 뇌를 전체적으로 사용하면서 소통하기 때문이라고 설명할 수 있습니다.

그렇다면 뇌들보가 가느다란 남자아이는 어떨까요? 남자아이는 여자아이와 반대로 말수가 적고 비교적 느릿하게 구는 면이 보일 것입니다. 남자아이가 여자아이보다 서툴어 보이는 행동 특성은 정보가 오가는 뇌들보가 가늘어서 생긴다

여자아이의 뇌

고 볼 수 있지요.

이처럼 여자와 남자의 차이는 태어나기 전부터 뇌에 명확하게 나타납니다. 어느 쪽이 더 뛰어난지 아닌지의 문제는 아닙니다. 구조가 다를 뿐이지요.

남자와 여자의 뇌가
다를 수밖에 없는 이유

여자아이와 남자아이를 동시에 양육한다고 생각해 보세요. 여자아이는 대체로 세세한 곳까지 시선을 두루 주고, 방을 깨끗하게 치우거나 노트 필기를 예쁘게 하는 등 정리 능력이 뛰어날 것입니다. 반면에 남자아이는 대개 행동력은 있으나 자잘한 정리 정돈은 서툴지요.

다음 실험에서도 남녀의 행동 차이와 뇌 구조의 관계를 알아볼 수 있습니다.

넓은 방에 잡다한 물건을 적당하게 놓고 몇 명의 여자아이와 남자아이가 행동하는 실험을 해 보았습니다. 아이들에게 방을 쭉 둘러보게 한 다음, 다른 방에서 기다리게 했습니다. 그런 다음 물건을 둔 위치를 바꾸거나 감춘 뒤, 다시 방으로 보내 달라진 점을 알아보는 실험을 했지요.

그러자 여자아이는 물건이 이동했거나 사라진 사실을 바로 알아차리고 정확하게 알아맞혔습니다. 반면에 남자아이는 거의 대답하지 못했지요.

이 차이는 개개인의 성향이나 지능에 달린 것이 아니라 뇌의 차이에 근원을 둔다고 해도 좋겠습니다. '남자 뇌와 여자 뇌' 연구로 유명한 캐나다 레스브리지대학교 데보라 소시에르 박사는 남녀의 행동 특성이 나타나는 이유를, 인간이 수렵 시대에 만들어진 뇌를 지금도 갖고 있기 때문이라고 설명했습니다.

수렵이 생활의 기본이었던 원시 시대에는 밖으로 나가 사냥하는 일은 주로 남성이 맡았습니다. 여성은 아이를 돌보며 가정을 지키는 역할을 맡았고, 따라서 한정된 공간에서 집안일을 하기 쉽고 가족이 쾌적하게 지낼 수 있도록 가재도구를 능률적으로 배치해야 했습니다. 그러니 세심하게 신경 써서 물건을 정리하고, 어디에 어떤 물건이 있는지 바로 인식하는 능력을 가질 수밖에 없었지요.

이와 달리 야산을 뛰어다니며 사냥감을 쫓는 남성에게는

상황을 크게 보고 판단하는 능력과 거친 성격, 운동 능력 등은 중요해도 한정된 공간을 정리하는 능력을 익힐 필요가 없었지요. 살아남으려면 꼭 필요한 능력이었습니다.

　여자와 남자의 뇌는 긴긴 세월 동안 진화 과정을 거치며 자손들의 뇌에 새겨졌고, 그 결과 여자와 남자의 뇌 차이를 만들었지요.

우리 뇌의
기본형은 여자

—

앞에서 여자아이의 마음이나 행동 특성은 임신 3개월 무렵
에 만들어진다고 했습니다. 이렇게 성별에 따라 나뉘는 배후
에는 사실 '조종자'가 있습니다. 조종자의 정체는 다름 아닌
'호르몬'입니다. 아기를 밴 엄마에게서 나오는 호르몬이 아니
고, 아기 스스로 분비하는 성호르몬입니다.

우리가 보통 성호르몬이라고 하면 생명 활동이 활발한 사
춘기부터 장년기에 분비된다고 생각하지요. 그런데 사실은

여자아이의 뇌

임신 초기 배 속에 있는 태아에서 이미 성호르몬을 분비합니다. 그것이 마음 발달에 지대한 영향을 주지요.

의외의 사실이 하나 더 있습니다. 우리 뇌의 기본형은 '여자'라는 사실입니다. 태아기 아주 초기 단계에는 염색체의 성별과 관계없이 모든 태아가 여자의 뇌를 지닙니다.

그러다가 어떤 계기로 남자와 여자로 성별 분화가 이루어지는데, 이 열쇠를 쥐는 것은 남성 호르몬입니다.

호르몬 샤워로
성전환이 일어난다

남자아이는 수정된 뒤 7주 차쯤에 정소의 '싹'이 나타나 성장하고, 이때부터 남성 호르몬 합성과 분비가 시작됩니다. 호르몬 분비는 12주 차쯤에 일시적으로 급증하며 절정에 도달합니다. 그러면 샤워하듯이 마구 쏟아진 남성 호르몬이 남자아이의 몸뿐만 아니라 뇌에도 영향을 미칩니다.

생식기가 만들어짐과 동시에 여자의 뇌는 남자의 뇌로 재구축되지요. 뇌 안에서 '성전환'이 이루어지면서 남녀 제각각 마음의 기본 바탕이 만들어집니다.

여자아이는 어떨까요? 뇌와 마찬가지로 성기도 기본형은 '여성'입니다. 남성 호르몬의 샤워가 없으면 뇌에도 성기에도 변화가 생기지 않으므로 뇌는 그대로 성장하고 생식기도 그대로 여성의 생식기가 됩니다.

조금 거칠게 표현하면, 사람은 그냥 가만히 두면 여성으로 자라는데, 남성 호르몬이 존재하면 뇌에 대대적인 변신 이벤트가 생겨 남성 생식기가 만들어지고 남자의 마음이 자라게 되는 것이지요.

결국 성호르몬, 정확히는 남성 호르몬의 작용으로 성 중추와 뇌들보에 차이가 생겨서 여자아이와 남자아이로 나뉘게 됩니다.

딸을 키우다 보면 자연스럽게 '아, 여자아이구나' 또는 아들을 키우다 보면 '아, 남자아이구나' 싶은 행동을 하는 이유가 이러한 이유이지요.

참고로, 태아기 때 어떤 원인으로 남성 호르몬 분비가 제대로 이루어지지 않으면, 정소가 만들어진 남자아이라도 호르몬 샤워를 받지 못해 여자의 마음을 그대로 유지합니다. 몸은 남자인데 내면은 여자인 상태지요.

여자아이는 이와 반대로 원래는 불필요한 남성 호르몬과 비슷한 물질이 부신피질에서 만들어져서 그 결과 몸은 여자인데 내면은 남자가 됩니다.

몸과 마음이 일치하지 않아서 괴로운 성별 불쾌감, 성정체성 장애, 성동일성 장애라고 하는 경우가 바로 이런 경우입니다.

뇌가 다르기 때문에
노는 것도 다르다

유아기의 여자아이 대부분은 예쁘고 자질구레한 물건을 좋아하고, 반짝반짝한 스티커를 수집하거나 색칠 공부를 즐깁니다. 친구들과 어울려 역할을 정해 사이좋게 소꿉놀이하며 노는 것은 어느 시대를 막론하고 똑같습니다.

남자아이들도 활동적이어서 한시도 몸을 가만히 두지 못하지요. 수렵 시대의 흔적으로 볼 수 있는 공격성도 갖췄기에 전쟁놀이에 푹 빠지고 게임 승패에 너무 집착해서 지면 엉엉 울기도 합니다.

이처럼 유아기 때부터 여자아이와 남자아이가 즐기는 놀이
가 다르고 흥미의 방향성도 다른 이유는, 서로 다른 뇌를 가
지고 태어났기 때문입니다.

딸의 이마가 특히
중요한 이유

—

남녀 각각의 행동 특성은 뇌 속의 변화가 결정한다고 설명했습니다. 그렇다면 뇌의 어느 부위가 이를 조정할까요? 이번에는 뇌 구조에 관해 알아보겠습니다.

뇌는 크게 대뇌, 간뇌, 중뇌, 소뇌, 연수 다섯 부위로 나뉩니다. 그중에서 가장 큰 역할을 담당하는 곳은 '대뇌'입니다. 대뇌는 또 여러 영역으로 나뉘는데, 저마다 특유의 기능을 담당합니다.

상황을 판단하고
마음을 조정하는 특별한 뇌

대뇌 영역에는 눈으로 본 것을 감지하는 후두엽, 기억과 청각과 관련 깊은 측두엽, 몸의 감각을 인식하는 두정엽이 있고, 가장 앞에는 전두엽이 있습니다.

전두엽의 앞부분, 이마 근처를 특별히 '전두엽전영역'이라고 부르는데, 상황을 판단하고 기분을 조정하는 가장 중요한 부분입니다.

우리 인간에게는 특별한 뇌로, 인간성의 바탕을 이루는 '뇌 속의 뇌'라고 할 수 있습니다. 전두엽전영역에 인간의 기분이나 행동의 본질이 있다고 말하기도 합니다.

전두엽전영역은 뇌에서도 특히 큰 영역으로, 인간의 대뇌피질 약 30퍼센트를 차지합니다. 인간과 비슷하게 고도의 뇌 활동을 한다고 알려진 침팬지 같은 원숭이도 전두엽전영역은 인간의 10분의 1 정도 크기이지요.

이러한 점만 봐도 전두엽전영역이 인간 고유의 것, 인간이 인간이게끔 하는 특별한 부위임을 알 수 있습니다.

여자아이의 뇌

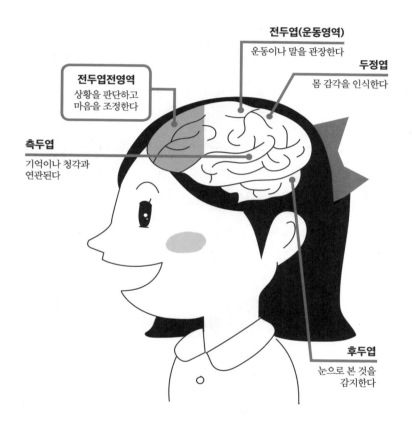

전두엽(운동영역)
운동이나 말을 관장한다

두정엽
몸 감각을 인식한다

전두엽전영역
상황을 판단하고
마음을 조정한다

측두엽
기억이나 청각과
연관된다

후두엽
눈으로 본 것을
감지한다

대뇌는 부위에 따라 역할이 다르다

배 속에서부터
정교히 만들어진다

전두엽전영역이 바로 여자와 남자의 사고방식을 조정하는 곳입니다. 인간다운 감정을 관장하는 전두엽전영역에 성호르몬이 작용하면서 남녀 각각의 특성이 자라납니다.

앞서 설명했듯이 일반적으로 여자아이는 소통을 중요하게 여기고 모두와 사이좋게 지내기를 바라지요. 남자아이는 활발하고 다양한 일에 도전하거나 어떤 한 가지 일에 몰두하는 경향이 강합니다. 이러한 차이는 전두엽전영역의 변화에서 옵니다. 참고로 측두엽이나 후두엽 등은 성호르몬의 영향을 거의 받지 않아 여자아이도 남자아이도 비슷하게 성장합니다.

이처럼 여자와 남자의 사고방식이나 행동의 차이는 전두엽전영역에서 만들어지고, 엄마 배 속에 있을 때부터 그 역할이 뇌에 단단히 새겨져 있습니다. 생명이 얼마나 정교한지 참 놀랍지요.

여자아이의 뇌

뇌가 변화하며
마음을 바꾸는 시기

——

여자아이가 열 살쯤이 되면 큰 전환기를 맞이합니다. 이 연령대의 딸아이에게 변화가 찾아온다면 무엇인지 짐작할 것입니다. 바로, '사춘기'입니다.

초등학교 고학년 여자아이를 둔 부모라면 다음과 같은 경험이 있을 것입니다.

'태도가 반항적이고 사람 말을 툭하면 오해해서 화를 낸다.'
'말을 걸어도 제대로 대답하지 않는다.'

'하여간 부모를 귀찮아한다.'

전혀 다른 사람처럼 변한 사춘기 아이를 보며, 도대체 무슨 생각을 하는지 모르겠고 마음이 멀어진 듯해서 어쩔 줄 모르는 부모가 많을 것입니다. 특히 딸을 둔 아빠는 엄마보다도 더욱더 딸과 거리감을 느껴서 당혹스럽지 않았나요?

사춘기 딸의 뇌에서
벌어지는 변화들

사춘기를 겪는 딸아이를 대하기 어려운 이유를 보통 갑자기 성장한 몸과 마음이 균형을 잃기 때문이라고 설명하곤 합니다. 그런데 그 불균형의 원인은 사실, 뇌에서 벌어지는 변화 때문입니다.

사춘기에 들어서면 성호르몬의 분비가 단숨에 늘어납니다. 그러면 여자아이는 10~11세, 남자아이는 조금 늦게 11~12세쯤부터 제2차 성징이 시작됩니다.

남자아이는 얼굴에서 어린 티가 사라지고 키가 부쩍 자라지요. 여자아이는 가슴이 커지고 생리를 시작합니다. 남자아이는 수염이 자라고 몸이 탄탄해지며 목소리가 변합니다. 이렇게 몸이 변화하는 동시에 마음 성장에도 엄청난 변화가 찾아옵니다.

앞서 설명했듯이 성호르몬은 뇌의 전두엽전영역에 작용합니다. 사춘기에 들어서서 활성화된 성호르몬은 몸과 함께 아이의 전두엽전영역도 발달시키고, 그 결과 여자와 남자의 사고방식과 행동에 더욱 현저한 차이를 만들지요.

뇌는 엄마 배 속에서 지낸 태아기에 만들어진 뒤로 한동안 큰 변화 없이 성장합니다. 그러다 사춘기에 들어서면 성별 차이가 뚜렷해지면서 여자아이는 여성스러운 언행이나 태도를 보이기 시작합니다.

'뇌의 변화'라는 대대적인 이벤트가 벌어지므로 사춘기 아이가 부모를 속 썩이는 일은 당연하지 않을까요? 그러니 부모와 자식 관계도 달라져야 합니다.

특히 사춘기 딸을 둔 아빠들은 쓸쓸함과 당혹감이 뒤섞여 마음이 복잡해질지도 모를 일입니다. 뇌과학적 관점에서 보면 이 나이대 딸이 갑자기 쌀쌀맞게 군다면 지극히 자연스러운 일이니 아이의 마음을 이해해 주세요. 그것이 여자아이의

'마음의 형태'이니까요.

한편, 딸과 같은 뇌를 지닌 엄마는 오히려 딸과 격돌하는 일이 늘어날 수 있습니다. 씁쓸할 수 있지만 부모와 자식 사이가 멀어졌다고 느끼는 시기는 어느 가정이나 겪는 법입니다.

딸의 뇌를 알아야
관계가 풀린다

성호르몬이 뇌, 또 아이의 기분이나 행동에도 영향을 미친다는 사실을 뇌과학 분야가 알아낸 때는 대략 40년 전입니다.

그전까지는 성호르몬이란 여성스러운 몸과 남성스러운 몸을 만든다고만 생각했지요. 그러다가 오랜 연구를 거듭해 뇌에 '호르몬 수용체'가 있음을 확인했습니다.

호르몬 수용체는 호르몬과 결합하는 특별한 세포 구조를 말합니다. '호르몬을 받아들이는 전용 접시' 같은 것입니다.

호르몬 샤워가 쏟아질 때 수용체가 있으면 호르몬을 받아들일 수 있고, 그 결과 해당 부위가 호르몬의 영향을 충분히 받게 됩니다. 자세한 설명은 앞으로 하겠습니다만, 성호르몬을 의학적으로 증명한 덕분에 뇌과학을 바탕으로 육아를 설명할 수 있게 되었지요.

　딸아이와 잘 지내고, 딸아이가 사춘기를 잘 극복하게 하려면 아이의 뇌에 무슨 일이 벌어졌는지 알아야 합니다. 엄마는 자신의 사춘기 시절을 추억하고 그때 자신을 딸과 겹쳐보면서 여자아이가 어떻게 변화하는지 인지해야 하지요.

　뇌과학적 관점에서 바라보면 지금까지 미처 몰랐던 아이의 마음을 이해하는 데 필요한 열쇠를 얻을 것입니다.

　아이의 사춘기 시절까지 아직 여유가 있다고 생각하는 부모도 미리 공부해 두면 아이가 변화 조짐을 보였을 때 현명하게 대처할 수 있습니다. 너무 걱정하지 않아도 됩니다.

- 임신 3개월경에 뇌 중추 신경이 발달하면서 태아 때부터 마음과 관련된 뇌가 만들어진다.

- 시상하부의 성 중추는 남자아이가 더 크고, 여자아이는 작다. 뇌들보는 여자아이가 굵고, 남자아이는 가늘다. 이러한 차이가 여자아이와 남자아이를 구분짓는다.

- 뇌는 성기와 마찬가지로 여성이 기본형이지만, 남성 호르몬의 차이로 성 중추와 뇌들보에 차이가 생기면서 여자아이의 뇌, 남자아이의 뇌로 구분된다.

- 뇌는 대뇌, 간뇌, 중뇌, 소뇌, 연수로 나뉜다. 그중 '대뇌'에서 기분과 행동의 본질을 관장하는 전두엽전영역에 주목할 필요가 있다.

- 여자아이는 10~11세, 남자아이는 11~12세부터 제2차 성징이 시작되는데, 그때 여자아이의 뇌에서는 엄청난 변화가 일어난다.

2장

뇌 속의 뇌,
전두엽전영역이
여자아이를
움직인다

호르몬이 딸에게
미치는 영향

—

이번에는 사춘기를 맞이한 딸의 뇌에 어떤 일이 생기는지 뇌과학 이야기와 함께 구체적으로 살펴보겠습니다.

마냥 아이 같던 여자아이가 훌쩍 여성스럽다고 느껴진다면, 그 이유는 성호르몬의 영향 때문입니다. 하지만 성호르몬이 뇌에 직접 작용하는 것은 아닙니다. 호르몬이 '뇌 속 물질(신경전달물질)'에 작용한 결과로 여성스러움이 만들어집니다.

여기서 말하는 뇌 속 물질이 무엇인지 알아보겠습니다. 우리의 뇌에는 셀 수 없이 수많은 신경 세포가 북적거립니다.

뇌는 세포에서 나뭇가지처럼 뻗어 나온 '시냅스'라는 부분을 거쳐 왕성하게 정보를 전달하지요. 정보를 옮기는 역할을 담당하는 물질이 바로, 뇌 속 물질입니다.

도파민, 노르아드레날린, 그리고 세로토닌

남자와 여자의 뇌를 구분짓는 데 관련 있는 뇌 속 물질은 '도파민', '노르아드레날린', '세로토닌' 이렇게 세 가지가 있습니다. 우선, 도파민부터 설명하겠습니다.

도파민은 의욕과 관련 깊은 뇌 속 물질입니다. 시험이나 피아노 발표회를 앞뒀다면, '1등 해야지', '절대로 실수하지 말아야지' 하는 의욕을 북돋습니다. 무엇인가를 노력하며 이뤄낸 보상으로 기분 좋은 '쾌감'을 만들어 내는 작용을 합니다.

공부, 스포츠, 콩쿠르 같은 경쟁 상황뿐만 아니라 놀이나 심부름처럼 일상생활에서 어떤 행동을 하려고 할 때, 도파민은 행동 스위치를 켜는 역할을 합니다.

여자아이의 뇌

한편, 노르아드레날린은 스트레스나 압박을 느끼면 분비됩니다. 예를 들어, 혼잡한 도로를 걸을 때나 수능을 치를 때, 뇌를 반짝 각성시켜서 긴장감을 줍니다. 심박수를 높여 주의력과 집중력을 촉진하는 역할을 하지요.

도파민도 노르아드레날린도 없으면 안 되는 물질인데, 어떤 이유로 과도하게 분비될 때가 있습니다. 무엇이든지 너무 지나치면 부족함과 똑같습니다. 도파민이 폭주하면 과도하게 흥이 오르고 노르아드레날린이 폭주하면 긴장하다 못해 공황 상태에 빠지기도 합니다.

그럴 때 등장하는 호르몬이 세로토닌입니다. 세로토닌은 도파민과 노르아드레날린이 적절히 분비되도록 균형을 유지시킵니다. 주변 상황에 맞춰서 극단에 가깝게 활동적으로 나서거나 너무 조용해지지 않게 적당한 안정감을 주는 뇌 속 물질이지요.

여자아이의 호르몬, 세로토닌

남녀 모두 세 가지 뇌 속 물질을 분비하지만, 여자아이에게는 세로토닌이 강하게 작용하고 남자아이에게는 도파민이 강하게 작용합니다. 이렇게 호르몬 작용에 차이가 생기는 이유는 성호르몬 때문입니다.

세로토닌은 여성 호르몬과 쉽게 연동되고 도파민은 남성 호르몬과 잘 연동됩니다. 사춘기에 들어서면 여자아이는 여성 호르몬이 대량으로 분비되고, 그에 따라 세로토닌이 많이 분비됩니다.

앞서 설명한 대로 세로토닌은 마음의 균형을 유지해 안정시키는 뇌 속 물질이므로, 세로토닌 분비가 활발해지면 차분하고 부드러운 분위기를 풍기고 협조성과 주변과의 화합을 중요하게 여기게 됩니다. 싸움을 피하고 사교적인 행동을 좋아하며 배려도 잘하게 되지요.

딸을 키울 때, '어머, 부쩍 커서 꼭 언니 같네?' 하고 생각이 든다면, 바로 이런 호르몬 때문이지요. 이 시기의 딸은 편안한 감정 상태를 원하므로 친구들과 더욱 친밀하게 지내게 됩니다.

초등학교 고학년 여자아이들 사이에서 자기 생일이나 취미 등을 기록한 '프로필 카드'를 교환하는 놀이가 유행하기도 했습니다. 지금보다 예전 소녀들은 교환 일기를 쓰며 우정을 나누기도 했지요. 둘 다 남자아이들 사이에서는 거의 볼 수 없는 커뮤니케이션 도구입니다.

이렇게 친구와 깊은 유대감을 맺으려는 여자아이 특유의 사교법은 세로토닌의 명령을 받았다고 볼 수 있습니다.

공감 뇌, 의욕 뇌,
집중 뇌, 전환 뇌

—

성호르몬의 자극으로 왕성하게 분비되는 세 개의 뇌 속 물질(도파민, 노르아드레날린, 세로토닌)은 뇌 중에서도 특별한 뇌인 전두엽전영역에 작용합니다.

이때 중요한 점이 전두엽전영역에는 주목해야 할 네 가지 영역이 있다는 점입니다. 각 영역은 저마다 특별한 작용을 하는데, 저는 이 영역을 '공감 뇌', '의욕 뇌', '집중 뇌', '전환 뇌'라고 부릅니다.

네 가지 뇌는 처음부터 완벽하게 작동하지는 않습니다. 갓 태어난 아기의 뇌는 아직 미성숙합니다. 뇌 속 물질의 영향을 받으며 어른이 될 때까지 서서히 뇌의 기능을 갖추어 가지요.

'제3의 눈', 공감 뇌

이제, 네 가지 뇌의 특징을 순서대로 살펴볼까요? 먼저 공감 뇌라 불리는 뇌는 이마 딱 한가운데, 미간 쪽에 있습니다. 불상 이마에 그려진 '제3의 눈'이라 불리는 곳이지요.

전두엽전영역 앞부분, 그중에서도 한가운데에 위치하니 이곳이 얼마나 중요한지 상상할 수 있겠지요? 이 공감 뇌에 작용하는 호르몬은 세로토닌입니다.

공감 뇌의 역할은 한 마디로 '사람의 마음을 읽는 것'입니다. 특수한 능력처럼 들릴지도 모르겠는데, 누구나 사람의 표정이나 태도를 보고 직관적으로 마음을 읽는 능력이 있습니다. 그런 작용을 공감 뇌가 담당합니다.

네 컷 만화를 볼 때, 대사가 하나도 적혀 있지 않아도 등장인물의 몸짓이나 표정에서 그 사람이 무엇을 하고 싶은지 이해하고 웃을 수 있지요.

대사가 없어도 등장인물의 마음을 이해할 수 있습니다. 이때, 말이 없다는 점이 핵심입니다.

아이가 폴짝폴짝 뛰면 신났음을 알 수 있고, 배를 문지르며 얼굴을 찌푸리면 배가 아픔을 읽을 수 있습니다.

표정이나 눈빛, 몸짓만으로도 우리는 상대의 요구나 목적, 심정 등을 짐작할 수 있지요. 이렇게 마음을 읽어낼 수 있는 까닭은 공감 뇌가 작용하는 덕분입니다.

네 가지 뇌는 사춘기를 지나 어른이 될 때까지 서서히 발달하는데, 공감 뇌만큼은 10세쯤에 어느 정도 발달을 마칩니다.

초등학교 저학년 때부터 가족이나 친구, 학교 선생님 등 주변 사람들과 접촉하면서 상대가 생각하는 바를 읽어 내는 학습을 거치며 공감 뇌가 자랍니다.

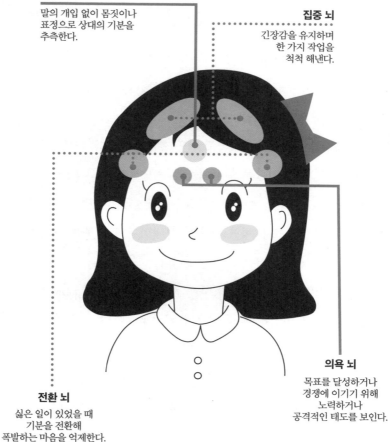

공감 뇌
말의 개입 없이 몸짓이나
표정으로 상대의 기분을
추측한다.

집중 뇌
긴장감을 유지하며
한 가지 작업을
척척 해낸다.

전환 뇌
싫은 일이 있었을 때
기분을 전환해
폭발하는 마음을 억제한다.

의욕 뇌
목표를 달성하거나
경쟁에 이기기 위해
노력하거나
공격적인 태도를 보인다.

전두엽전영역의 네 가지 작용

도파민의 뇌,
의욕 뇌

다음으로 의욕 뇌를 알아보겠습니다. 의욕 뇌의 위치는 양쪽 눈썹 위 근처입니다. 공감 뇌를 감싸듯이 두 군데, 얼굴 정면에서 보면 조금 안쪽 자리에 위치합니다. 이곳을 자극하는 뇌 속 물질은 도파민입니다.

의욕 뇌는 목표를 설정하고 어떤 행동을 일으키려 할 때 의욕을 촉진하는 역할을 합니다. 의욕이 생기는 그 원천은 의욕 뇌에 있습니다. 선생님이 그려 주는 동그라미가 좋아서 열심히 숙제하거나, 목표 점수를 정해서 시험공부를 하는 이유는 의욕 뇌가 작용하기 때문입니다.

학습뿐만이 아니지요. 엄마가 하는 칭찬을 받으려고 아이는 심부름을 열심히 하지요. 시합에서 이기려고 운동 동아리나 스포츠 클럽에서 최선을 다해 연습합니다. 여름에 나팔꽃이 잔뜩 피기를 바라며 매일 물을 주기도 하고요. 이러한 모든 것이 도파민의 자극을 받은 의욕 뇌와 관련 있습니다.

엄마들도 경험이 있을 것입니다. 친구와 점심 약속을 한 날이면 평소보다 더 부지런히 집안일을 해서 일찌감치 끝마치

지 않나요? 목표나 목적을 달성하면 도파민 작용으로 기쁨을
느끼고 기분이 좋아집니다. 그다음 목표를 세워 완수하겠다
는 긍정 마음이 생기지요.

사람은 도파민과 의욕 뇌가 연계를 이루어 성공 체험을 쌓
음으로써 성장한다고 할 수 있습니다.

노르아드레날린의 뇌, 집중 뇌

집중 뇌도 두 군데, 의욕 뇌보다 조금 더 위쪽의 살짝 바깥
에 위치합니다. 집중 뇌는 매일 생활이나 학습, 일을 척척 해
낼 때 작용하는 뇌입니다.

운전할 때를 생각해 보세요. 교통 규칙, 운전 조작, 주변 사
람의 움직임 등 모든 것을 이해해야만 비로소 운전할 수 있
습니다. 보행자나 마주 오는 차, 신호를 확인하고 핸들을 어
떻게 꺾을지, 브레이크는 언제 밟을지 그때그때 판단해야 하
지요. 이런 일을 담당하는 것이 집중 뇌입니다.

요리할 때도 같습니다. 냉장고를 열어 어떤 재료가 있는지
확인하고, 그 재료로 무엇을 만들 수 있는지 메뉴를 생각합니

다. 조리 순서대로 능숙하게 식칼을 다루고 프라이팬을 흔들어야만 요리가 완성됩니다.

아이들이 문제집을 푸는 것도 집중 뇌 덕분이지요. 문제를 읽고 배운 지식을 응용해 해법을 생각하고 손을 움직여서 풉니다. 그야말로 전천후 활동이지요. 이렇게 다양한 정보를 적확하게 판단하고 그 결과를 즉각 행동으로 연결하는 뇌의 작용을 '워킹 메모리'라고 부르기도 합니다.

집중 뇌에 작용하는 호르몬은 노르아드레날린입니다. 위험하거나 싫은 일이 몸에 닥치면 우리는 스트레스를 느끼고 뇌 속의 노르아드레날린을 분비하는 신경이 흥분합니다. 흥분한 결과로 분비된 노르아드레날린은 집중 뇌를 자극해 집중력을 높입니다.

스트레스를 몸과 마음의 건강을 해치는 '병의 근원'이라고 여겨 항간에서 이런저런 스트레스 해소법이 인기입니다. 사실은 공부할 때도 일할 때도 일상생활에서 작업을 할 때도, 인간이 어떤 활동을 할 때는 어느 정도 스트레스가 필요합니다. 적절한 스트레스는 노르아드레날린을 건전하게 활성화시켜서 일이나 학습을 해낼 수 있게 만들기 때문입니다.

세로토닌의 뇌,
전환 뇌

마지막으로 전환 뇌를 소개하겠습니다. 전환 뇌의 위치는 좌우 관자놀이 조금 위쪽입니다. 만화에서 짜증이 났거나 폭발할 듯한 등장인물의 관자놀이에 '발끈!'이라는 표시를 그리지요? 바로 그곳입니다. 이곳은 기분을 바꿔주는 곳으로, 공감 뇌와 마찬가지로 세로토닌이 작용합니다.

원하는 대로 되지 않는 것이 세상사인데, 목표대로 일이 진행되지 않았을 때는 현실에 맞춰 행동을 바꿔야 합니다. 그때 작용하는 것이 전환 뇌입니다.

아이들이 어릴 때, 마구 떼를 써서 난감했던 경험이 있지요? 제가 예전에 어느 서점에서 갔을 때의 일입니다. 한 아이가 엄마에게 마구 떼를 쓰는 모습을 보았습니다.

유치원생 정도로 보이는 남자아이가 포켓몬스터 책을 사달라고 엄마를 조르며 그 자리에 앉아 꼼짝하지 않았지요. 엄마는 똑같은 책이 집에 있다고 사주지 않았는데, 아이는 그 자리에서 꼼짝하지 않으려고 했어요. 그런데 잠시 뒤에 엄마가 뭐라고 속삭이자 남자아이가 환하게 웃더니 엄마와 사이

좋게 손을 잡고 서점을 나갔습니다.

어떻게 설득했는지는 모르지만, 남자아이 안에서 전환 뇌가 잘 기능한 사례입니다. 아이든 어른이든 우리 인간은 생각대로 일이 풀리지 않으면 머릿속에서 '전환'이 일어나 생각이나 목표를 절충하고 다음 행동을 취하려고 합니다.

억지로 고집을 부리면 모난 돌이 되어 주변 사람들과 문제를 속출합니다. 불만만 가득해서는 사사건건 '발끈!' 하고 폭발하면 사회생활을 하기 어렵지요.

우리가 사회를 유지할 수 있는 이유는 절충하는 전환 뇌를 가진 덕분이라고 할 수 있습니다.

서점에서 본 남자아이는 아마 아이스크림이든 뭐든 사 준다는 엄마의 약속을 듣고 순순히 기분을 전환했을 것이라 추측합니다.

딸이 더 빨리
조숙해지는 이유

—

　남녀의 뇌는 서로 다르게 태어나지만 차이가 크게 벌어지지는 않고, 유아기와 학동기를 거치며 서서히 성장합니다. 그러다가 사춘기를 맞이하면 양상이 확 달라지지요. 성장 곡선이 급커브를 그리며 네 개의 뇌가 충실하게 발달하고 동시에 남녀의 내면에 현저한 차이가 생깁니다.

　여자아이는 '공감 뇌'가 강해지고 남자아이는 '의욕 뇌'가 강한 특성이 생기지요.

호르몬이 만든
남녀의 차이

여자아이는 세로토닌의 영향을 크게 받습니다. 이미 설명했듯이 여성 호르몬은 세로토닌과 관련이 깊기 때문입니다.

세로토닌은 네 개의 뇌 중 공감 뇌와 전환 뇌의 작용을 촉진하는 뇌 속 물질이라고 이야기했지요. 여성 호르몬 작용으로 세로토닌이 풍부하게 분비되는 여자아이는 이 두 가지 뇌가 활성화하고 특히 공감 뇌가 눈에 띄게 발달합니다. 여성 호르몬이 세로토닌의 가교로 작용해 공감 뇌의 기능 향상을 도모하는 것이지요.

차분함과 안정감을 가져오는 세로토닌 효과로 사춘기 딸은 여성의 특징이라고도 할 수 있는 포근한 분위기를 냅니다. 또 사람 마음을 알아차리는 공감 뇌가 발달한 덕분에 상황에 맞게 분위기를 파악해 세심하게 살피고, 다른 사람의 기분을 배려할 줄 알게 됩니다.

식사 자리에 딸이 있으면 분위기가 온화하고 왠지 모르게 화사해지는 이유도, 여자아이의 귀여운 외모나 예쁜 옷차림 같은 겉모습뿐만 아니라 세로토닌이 만들어 내는 여성스럽고 독특한 분위기를 온몸에 두르기 때문입니다.

한편 남자아이는 어떤가요? 남성 호르몬은 도파민과 관계가 깊으므로 사춘기가 오면 도파민이 잔뜩 분비됩니다. 그러면서 의욕 뇌가 매우 활발하게 작용합니다.

의욕 뇌가 활발해진 남자아이는 도파민 효과로 에너지가 넘쳐나지요. 경쟁을 좋아하고, 그 결과로 얻는 보수에 집착하는 의욕을 보입니다. 요즘 말로 하면 소위 '상남자'라고 할까요.

요즘에는 남성스러움을 멀리하고 이글거리는 욕망도 별로 없는 '초식남'이 늘었다고 하는데, 본래 남자아이는 도파민의 효과로 의욕 뇌를 자극받으므로 강인하고 거친 경향이 강합니다.

남자아이 중에 허세를 부리며 노력하거나 도전하는 모습을 남에게 보면 촌스럽다고 생각하는 아이가 있지요. 또 여자아이 못지않게 옷차림이나 머리 모양에 집착하는 아이도 있고요. 이런 아이라도 남성 호르몬이 나오는 이상 경쟁하는 것을 선호하는 마음은 틀림없이 갖추고 있습니다.

여자아이는
1년 정도 빠르다

남녀 차이는 여자아이에게서 좀 더 일찍 보입니다. '여자아이는 조숙하다'라는 말을 흔히 합니다. 학교에서 아이들을 봐도 여자아이가 한 1년 정도 먼저 성장하는 듯 보입니다.

실제로 조사해 보니 여자아이의 뇌, 즉 마음의 발달 속도가 남자아이보다 더 빨랐습니다. 나이에 따른 세로토닌 분비 수준을 살펴보는 실험을 했었는데, 여자아이는 3~4세 때 이미 어른 수준에 가까웠고 남자아이는 5~6세가 되어서야 간신히 따라잡는 결과가 나왔습니다.

기분의 안정감을 좌우하는 뇌 속 물질 세로토닌으로 한정해서 보면, 뇌과학적으로 여자아이가 일찍 어른에 가까워진다는 사실을 보여줍니다. 즉, 10~11세에 여자아이는 여성 호르몬의 영향을 받아 부드럽고 포근한 세로토닌적인 언동을 보이고, 남자아이는 그보다 늦은 11~12세 정도부터 남성 호르몬의 작용으로 의욕에 찬 도파민적인 행동을 보인다고 할 수 있지요.

여자아이의 뇌

세로토닌은
딸의 기분을 바꾼다

—

세로토닌은 공감 뇌와 전환 뇌 양쪽을 자극하는 뇌 속 물질입니다. 사춘기 여자아이는 세로토닌이 풍부하게 분비되므로 당연히 전환 뇌도 활성화됩니다.

전환 뇌는 한 번 정한 목표에 도달하지 못했을 때, A가 안 되면 B로 해 보자고 임기응변으로 대처하는 작용을 합니다.

만약 전환 뇌가 제대로 기능하지 않으면 어떻게 될까요? 아이보다 인생을 오래 산 어른은 세상만사 원하는 대로 되지 않는 현실을 알지요. 하지만 태어나서 거우 10년 정도를 산 아이라면 그런 우울한 기분과 어떻게 타협해야 할지 잘 모릅니다.

그럴 때 불만을 마구 폭발하며 도무지 손을 쓸 수 없는 상태가 되는 신경질적인 아이가 있습니다. 폭발하는 것이지요. 난동을 부리지 않는 대신 침울해지는 아이도 있는데, 둘 다 전환 뇌가 제대로 기능하지 못하는 상태입니다.

보통 여자아이가 폭발해서 난동을 부린다는 이야기보다는 남자아이가 폭발한다는 이야기가 많이 들립니다. 중학생 정도 아들이 있는 가정은 벽에 구멍이 한두 개쯤 뚫리는 일도 드물지 않다고 하네요.

여자아이가 과격한 행동을 하지 않는 이유는 공격성이 낮게 타고난 특성도 있지만, 또 다른 이유가 있습니다. 여자아이는 원하는 대로 일이 풀리지 않아도 발끈하지 않고 기분을 전환해서 다른 방법을 선택할 줄 알기 때문입니다. 그렇게 하거나 타협안을 생각하는 방식으로 감정 조절을 잘하기 때문이지요.

눈물을 흘려 보내
기분을 바꾼다

기분 전환할 때 중요한 역할을 하는 것이 '눈물'입니다. 전환 뇌의 작용과 우는 행위는 매우 밀접한 관련이 있습니다. 전환 뇌가 작용하면 뇌가 편안한 상태가 되고 자연스럽게 눈물을 흘려 기분을 재정립할 수 있습니다.

엄마들도 경험해 보지 않았나요? 분한 일을 겪어도 한바탕 울고 나면 내일부터 다시 열심히 하자는 기분이 들었던 경험이 있을 것입니다.

눈물을 꾹 참으면 계속 끙끙거리며 고민만 늘어나지요. 눈물로 분한 마음을 흘려보내고 다 울면 마음이 후련해집니다. 고개를 번쩍 들고 "어쩔 수 없으니까 다른 방법을 찾아보자"라고 시원시원하게 말하는 것 또한 여자아이가 갖출 수 있는 면입니다. 이렇게 시원시원한 마음의 전환, 남자아이에게서는 좀처럼 보지 못합니다.

입시를 앞둔 자녀를 둔 부모는 아이의 눈치를 저절로 보게 됩니다. 만약 아이가 시험을 잘 보지 못해서 결과가 좋지 않았을 때도 빨리 극복하는 쪽은 보통 딸이라고 합니다. 원하는 학교에 떨어지면 여자아이는 크게 동요해서 눈물을 흘리고 차마 위로하는 말도 못 붙일 정도로 우울한 모습을 보입니다. 그런데 막상 원하던 곳이 아닌 학교에 진학해도 친구를 금방 사귀고 전화번호를 교환하며 즐겁게 학교에 다닙니다. 전환 뇌를 활용해 처한 환경에 익숙해지기를 선택하고, 공감 뇌를 활용해 새로운 친구를 빨리 사귀는 것이지요.

그런데 남자아이는 좌절감을 언제까지나 질질 끌다가 모처럼 진학한 학교에 가지 않는 사례도 있다고 합니다.

세로토닌 효과로 여자아이들은 벽에 부딪히면 전환 뇌로 능숙하게 극복하고 공감 뇌를 써서 환경에 순응합니다. 예민하고 기분이 울적해진 딸 때문에 부모는 눈치를 보기도 하지만, 이렇게 의연한 사람으로 힘을 싹틔우는 계기가 되기도 하지요.

친구 관계에서
무리를 짓기도 한다

—

타인과 무리 짓지 않고 독자적으로 살아가는 사람을 '한 마리 늑대 같은 사람'이라고 하는데, 대체로 남성들을 지칭할 때 씁니다.

여자아이는 여성 호르몬의 영향으로 협조와 치유의 뇌 속 물질 세로토닌이 풍부하기에 무리에 속하기를 즐겨합니다. 공감성이 뛰어나 사람과의 인연을 소중히 여기고, 남들과 어울리고 무리를 지으면 얼마나 마음이 편한지 잘 알지요.

그래서 남자아이와 비교해 여자아이는 친구를 잘 사귀고,

친구 관계에서 편안한 행복감을 적극적으로 찾습니다. 여자아이는 한 마리 늑대 같은 상태가 괴로우니까 어디서든 유대관계를 맺으려고 하지요.

커뮤니케이션을 중요하게
생각하기 때문

텔레비전 방송에서 흥미로운 실험을 보여 주었습니다. 남녀의 커뮤니케이션 능력 차이를 알려 주는 재미있는 실험이었지요.

서로 처음 본 성인 남녀 다섯 명을 뽑아서 따로따로 방에 들어가게 합니다. 그들에게는 "실험을 시작하기 앞서 대기실에서 30분 정도 기다려 주세요"라고만 알려 줍니다.

숨겨 둔 카메라로 남녀가 있는 방 안의 모습을 보는 관찰형 실험이었습니다. 여성들은 첫 만남인데도 일찌감치 대화를 나누기 시작했고, 30분 뒤에는 완전히 마음을 터놓은 상태였지요.

한편, 남성들은 자기 자리에 앉아 대화다운 대화 없이 모두 딱딱한 표정을 짓고 있었습니다.

이 실험 결과는 여성이 커뮤니케이션 능력이 더 뛰어남을 시사하는 동시에 '무리'를 지어 안정감을 얻으려는 경향이 있음을 보여 줍니다.

그들은 '무슨 실험일까?', '이 사람들은 어떤 사람들일까?' 하고 내심 안절부절못하는 마음을 서로 알아차려 순식간에 감정을 연결하고 연대를 맺었지요.

아이들 세계도 마찬가지입니다. 학년이 올라가서 반이 바뀌면 여자아이는 새로운 반 친구 중에서 금방 2~3명으로 사이좋은 그룹을 꾸리고 같이 행동하기 시작합니다. 화장실을 친구들과 함께 가기도 하지요. 남자아이에게서는 볼 수 없는 행동입니다.

하지만 여자아이들 중에서도 찰싹 달라붙은 교우관계가 거북한 '도파민 타입'은 있습니다. 도파민 타입의 여자아이는 목표 달성을 위해 자기 길을 가고 독립심이 강하지요. 친구도 적당한 거리를 두고 사귀기 때문에, 어린 시절에는 주변에서 조금 이상한 아이로 여겨져서 친구 관계로 고생할지도 모릅니다.

친구와 사귀는 방식이나 거리감이 다른 아이들과 달라도

딸의 '외로움'에 부모는 어떻게 공감하면 될까?

사람과의 조화를 소중히 여기는 마음은 똑같으므로 고립감은 견디기 힘듭니다. 특히 주변 여자아이들이 '그룹 의식'으로 단단히 결속한 상태이기에 거기에서 벗어난 아이는 더욱 괴로울지도 모릅니다.

'그룹 의식'은 여자아이 특유의 인간관계로 폐쇄적인 성격을 띱니다. 초등학생 중에는 적을지도 모르는데, 밥 먹을 때도 스마트폰을 손에서 놓지 않는 여자아이들이 늘어나고 있지요. 여러 이유 가운데 하나는 메시지에 곧바로 답을 보내지 않으면 욕을 먹고 그룹에서 따돌림을 당하기 때문이라고 합니다. '그룹'의 규칙을 어겼다는 것이지요.

남자아이들은 답이 조금 늦어도 '미안하다'라고 말하면 해결인데, 여자아이들 사회는 그리 쉽지 않습니다.

여자아이들은 그룹에 속한 한 따뜻한 인간관계를 맺지만, 조금이라도 규칙을 어기면 매섭게 공격하고 따돌리기 쉽습니다. 규칙을 어긴 아이는 같이 지내기가 어려워지지요. 여자아이의 동료 의식에 이런 폐쇄성이 있음을 부정하기 어렵습니다. 어른들도 여자들이 모여서 누군가를 따돌리면, 마치 '여고생처럼 군다'라는 느낌을 받는 것처럼요.

유대감을 중시하기에 약간의 이질적인 언동을 보이면 민감하게 반응하는 것은 여자아이 특유의 행동입니다. 같은 여성인 엄마는 그런 심리 특성을 알고 있으므로 딸의 친구 관계에 관심이 많고 혼자 있으면 너무 걱정되지요.

아이에게 "점심시간에 뭐 했니?", "학교 끝나고 누구랑 같이 왔어?" 하고 시시콜콜 캐묻기 쉽습니다. 그런데 고립당해서 괴로운 아이라면 친구 관계는 웬만해서는 건들지 않는 편이 좋습니다.

조금 심한 말로 들릴 수 있는데, 캐묻는 일은 엄마 마음을 안심시키는 재료를 얻으려는 것뿐이지 딸에게 '엄마는 너를 걱정한단다'라는 메시지를 전달하지 못합니다.

외로운 딸에게
해 줄 수 있는 것

외로운 딸에게 엄마가 해 줄 수 있는 일은 '곁에 머물러 주기'입니다. 고립한 아이를 구할 사람은 오로지 가족뿐이니까요. 그저 곁에 머물러 주기만 하면 됩니다. 말은 필요 없어요. 이 시기의 여자아이는 이치를 따져 분석하거나 판단하기보다 감성이 더욱 풍부합니다. 강한 공감 뇌 덕분에 자신과 공감하는 점이 있으면 안심합니다.

같이 간식을 먹으며 좋아하는 아이돌 이야기를 신나게 나누는 일만으로도 충분합니다. 말이 아니라 태도로 마음이 통하는 커뮤니케이션을 비언어 커뮤니케이션이라고 하는데, 바로 그렇게 하면 됩니다. 엄마의 따스함이 전해져서 딸의 기분도 밝아질 테니까요.

여자아이의 세계에도 무리를 짓기 어려워하는 타입은 반드시 있습니다. 엄마가 괜히 초조해 하거나 우울해 하면 도움이 안 됩니다. 그저 아이가 마음이 통하는 친구를 찾을 때까지 마음을 단단히 먹고 지켜봐 주세요. 가정에서 기분을 충전하는 일이 가장 중요합니다.

딸이 우울해할 때
필요한 것

—

앞서 설명했듯이 세로토닌이 활성화된 여자아이는 전환 뇌도 활발하게 기능합니다. 그래서 성적이 낮아지고, 원하는 바를 못 얻고 실패해도 눈물을 줄줄 흘린 다음에는 의외로 잘 극복합니다. 그럼에도 여자아이 가운데 성적과 공부에 크게 집착하고 잘 안 풀리면 우울해하는 아이들이 있습니다.

보통 초등학교 3학년 때부터 본격적인 공부가 시작됩니다. 마침 공감 뇌가 생리학적 완성에 가까워지는 연령도 열

살 정도입니다. 그 뒤로는 세로토닌적인 뇌가 점차 성숙기를 맞이하고, 전환 뇌의 활약으로 학교나 학원, 친구들과 교제를 능숙하게 해냅니다. 도파민의 도움을 받아 의욕적으로 공부도 해내지요.

초등학교 고학년 때는 공감 뇌의 작용으로 친구와 무리를 지으려는 마음이 높아지는 나이인데, 공부도 해야 하니 그에 상응하는 뚜렷한 의지를 품기도 합니다. 좋은 결과가 나오기를 바라는 마음, 공부에 대한 집착은 남자아이보다 여자아이가 강할지도 모릅니다.

아이의 전환 뇌가
잘 작동하지 않으면

열심히 했는데 좋은 결과를 거두지 못하면 좌절을 크게 하는 아이도 있습니다. 실패를 받아들여 기분을 바꿀 때까지 시간이 걸리기도 하지요. 여자아이의 타고난 장점인 전환 뇌가 잘 작동하지 않아서 그렇지요.

남자아이는 전환 뇌가 잘 기능하지 않으면 폭발한다고 앞서 설명했습니다. 여자아이는 비폭력적인 성향이 강하다 보니 전환 뇌가 잘 기능하지 않으면 자기 자신에 대한 공격성이 피어나 우울증에 빠지기도 합니다.

부모들을 불안하게 하려고 이런 말을 하는 것은 아닙니다. 하지만 아이의 우울증은 '은둔형 외톨이'가 되기 쉬우므로 심각하게 낙담하는 아이는 주변에서 잘 도와줘야 합니다. 특히 엄마의 지지와 적절한 대처가 필요합니다.

우선, 엄마 본인이 도파민적인 가치관에서 빠져나와야 합니다. 실망한 아이를 보며 '기대했는데 실망했어', '사실은 더 잘할 수 있었을 텐데'와 같은 생각이 들더라도 바깥으로 말을 꺼내서는 안 됩니다. 어떤 아이는 엄마가 말하지 않아도 비언어 커뮤니케이션이 발달해 엄마가 얼마나 낙담했는지 다 눈치채기도 합니다.

'엄마가 나한테 실망한 이유는 내가 좋은 결과를 내지 못했기 때문이야.'
'좋은 결과를 내지 못한 나는 가치가 없어.'

아이가 이런 생각에 사로잡히면, 앞으로 시작할 새로운 생활에 흥미를 잃고 당연히 점점 더 우울해지겠지요.

시험 기간은 아이와 엄마가 함께 열심히 노력하는 시기입니다. 결과가 어떻든 시험이 끝났다면 아이도 엄마도 도파민을 쉬게 해 줄 때입니다.

행복을 주는
세로토닌 생활을 하라

우리 인간은 두 가지 행복을 느낄 수 있습니다. 높은 곳을 꿈꾸며 목표를 달성했을 때, 도파민적인 행복과 도파민처럼 엄청나진 않아도 사람과 유대를 맺으며 느끼는 따스한 세로토닌적인 행복입니다.

양쪽에서 다 행복을 얻을 수 있는 뇌를 갖췄으니 도파민 하나에만 매달릴 이유가 없습니다. 도파민적인 생활에 지쳤다면 일단 그 생활을 마무리하고 세로토닌을 우선시하면 됩니다.

성장기 아이에게 도파민적인 도전은 필요합니다. 그래도 원하는 만큼의 결과가 나오지 않더라도 전부 다 망한 것도 아니라는 생각을 전해 줄 필요가 있지요. 뇌는 어떤 상황에 놓였든 기댈 곳을 갖추고 있습니다. 세로토닌적으로 살아가며 행복을 느끼지요.

엄마는 세로토닌이 마구 분비되는 생활을 하면서(구체적인 방법은 뒤에서 설명하겠습니다) 세로토닌을 온몸에 두르고 딸을 다정하게 지켜봐 주세요.

여자아이의 뇌

외모에 신경 쓰는
마음은 필연적

—

아동심리학에 따르면, 친구들과 관계를 맺는 방식에서 남자아이보다 여자아이가 남의 시선을 더 신경 쓴다고 합니다. 친구들과 비교해 자기 외모에 심한 열등의식을 품기도 하지요.

'왜 나는 저 친구보다 팔다리가 늘씬하지 않지?'
'눈이 조금만 더 컸으면….'

비교의 마음을 가진 결과, 외모를 꾸미는 데 매우 흥미를 보이기도 합니다.

제 친구의 딸은 공부를 아주 잘하는 영리한 아이였습니다. 그런데 어느 시기부터 두툼한 패션 잡지에 정신이 팔려 공부에 집중하지 못했지요. 보다 못한 엄마가 "합격하면 네가 원하는 옷을 세 벌 사 줄게"라고 약속해서 잡지를 봉인했다고 합니다. 그러고 나서야 그 딸은 공부에 집중을 했다고 합니다.

여자아이는 깔끔하고 아름다운 상태를 선호하는 편이니 자기 옷차림이나 외모를 신경 쓰는 일은 자연스럽지요. 꾸미는 데 힘을 다하는 모습은 당연합니다.

여자아이는
상대적 행복감이 강하다

여자아이가 꾸미는 일에 높은 관심을 보이는 이유는 여자아이 특유의 '경쟁심'도 크게 관여한다고 볼 수 있습니다.

여자아이는 친구를 사귀고 무리를 지으면서도 서로 강한

여자아이의 뇌

경쟁심을 보이며 불꽃을 튀깁니다. 엄마도 길을 걷다가 다른 여성의 패션에 시선이 가곤 하지 않나요?

여자아이의 경쟁심은 남자아이의 도파민적인 경쟁심과는 조금 다릅니다. 경쟁에 이기고 싶다거나 자신이 세운 높은 목표에 도달하고 싶어서 매진하기보다는 주위를 둘러보고 '무리에서 내가 최하위가 되기는 싫어', '지금 창피한 꼴을 겪기는 싫어'라는 가벼운 공포심이 작용하는 측면이 강하지요. '다른 사람과 비교해 한 걸음이나 두 걸음이라도 앞서면 될 것 같아. 그러면 좋겠어'라는 마음이지요.

그러니 꾸미기에 흥미가 있어도 주변 여자아이들과 비교해 모자라지 않는 스타일이나 패션을 갖추면 보통 만족합니다. 샴푸 광고에 나오는 찰랑찰랑한 머릿결을 갖고 싶은 것이 아니라 친구들과 같이 있을 때 비슷하게 찰랑찰랑한 머리카락이면 되지요. 그러면 열등감을 가지지 않고 당당한 마음이 생기는 것이지요.

조금 넓게 표현하면, 여자아이는 '상대적 행복감'을 지녔다고 표현해도 좋습니다. 다른 사람과 비교한 만족과 행복감입니다. 남자아이는 스스로 행복의 선을 설정하는 '절대적 행복

**여자아이는 친구과 비슷하게
예뻐지고 싶어 하는 마음을 가지기도 한다**

감'이 강한 편이고요.

여자아이들의 경쟁심을 좀 더 설명해 보겠습니다. 여자아이는 마음속에서 자기가 어떻게 보이는지 자기의식을 단단히 구축합니다. 다른 사람과 유대를 맺으며 살아가기를 우선시하는 뇌를 가졌으므로, 사람들과 쉬지 않고 나누는 커뮤니케이션을 중요하게 생각합니다. 그러는 동시에 무리 속에서 자신을 어떻게 돋보이게 할지 생각하는 의식도 전면에 나섭니다. 그래서 항상 타인을 의식하고 촉수를 세워 자신의 어떤 점이 남들보다 나은지 관심을 기울이지요.

여자아이에게는 자신이 어떤 사람인지, 예쁜지, 똑똑한지 끝없이 점검하는 면이 있습니다. '나는 어떻지?'라는 기분이 남자의 뇌보다 훨씬 발달했지요. 이는 자아보다는 '자기의식'에 가깝습니다.

외모를 의식하는 일도
성장 과정 중 하나

자기의식을 관장하는 뇌는 전두엽전영역에 있는데, 공감뇌 바로 옆입니다. 여성이 비언어 커뮤니케이션을 하는 공감 뇌가 강하다면 그 옆에 있는 자기의식이 강해도 이상하지 않지요.

비언어 커뮤니케이션도 자기의식도 세로토닌이 작용한 결과입니다. 자신을 더 잘 보이게 하려고 꾸미는 일은 세로토닌의 영향이라고 봐도 좋겠지요.

외모를 신경 쓴다면 어엿한 성인으로 점점 성장하기 때문이고, 친구들과 비교한다면 개인의 성격이 아니라 여자아이가 지닌 특성 때문입니다.

엄마도 10대 시절에 어땠는지 떠올려 보세요. 엄마 역시 딸처럼 용모나 옷을 신경 쓰느라 바쁘지 않았나요? 아이가 공부를 뒷전으로 미룰까 봐 걱정되겠지만, 머리 모양에 집착한다면 호르몬 분비가 정상적으로 이루어져 아이에서 점차 성장하고 있다는 증거로 봐 주세요. 갑자기 금발로 탈색하는 등 과하게 튀는 행동만 하지 않는 한 너그럽게 지켜보면 어떨까요? 그 나이에 꾸미는 데 관심이 없으면 오히려 걱정입니다.

이성 친구 때문에
힘들어 할 때

—

성호르몬 분비가 왕성해지는 사춘기에는 남자아이와 여자아이의 관계가 달라집니다. 이성을 강하게 의식하기 시작해서, 남자아이나 여자아이 상관없이 같이 어울려 놀던 사이였는데 갑자기 함부로 대하거나 아예 말을 주고받지 않는 일도 흔해지지요.

학교에서 남녀 짝을 지어 앉히면 4학년 교실에서는 책상이 딱 붙어 있는데 5학년부터는 어느 책상이나 간격이 10센티미터 정도 떨어져 있다고 합니다.

이성에 관심이 많아지면서 특정한 아이를 좋아하는 아이도 당연히 생깁니다. 불행하게도 상대와 마음이 일치하지 않으면, 실연했다면서 우울해하고 울기도 하지요. 걱정하지 마세요. 눈물은 기분을 안정시키고 새롭게 시작하기 위해서 필요하니까요.

눈물과
세로토닌의 관계

앞에서도 눈물과 기분이 달라지는 이야기를 했습니다. 이번에는 눈물과 뇌의 관계를 살펴보겠습니다.

우리가 눈물을 흘릴 때는, 눈을 보호하기 위해 흐르는 생리적인 눈물 말고도 감정이 움직였을 때 흐르는 '정동(情動)의 눈물'이 있습니다. 정동은 희로애락과 같이 비교적 일시적으로 급격히 일어나는 감정을 말합니다. 실연했을 때 흘리는 '슬픔의 눈물'이나 험담을 들었을 때 흘리는 '억울한 눈물'은 모두 정동의 눈물이지요.

정동의 눈물은 전환 뇌와 자율신경과 밀접하게 연결됩니다. 전환 뇌에 스위치가 켜지면 편안한 상태일 때 작용하는

여자아이의 뇌

부교감 신경이 활발하게 활동해 눈물을 흘리게 됩니다. 긴장했을 때 작용하는 교감 신경과 편안한 상태의 부교감 신경, 이 두 가지 자율신경은 어느 한쪽으로 치우치지 않고 균형을 유지해야 건강한 상태입니다. 그렇게 조정하는 역할을 바로 세로토닌이 합니다.

세로토닌이 풍부하게 분비되면 공감 뇌와 함께 전환 뇌의 작용도 활발해지므로 A가 안 되면 B를 선택하자는 식의 기분 전환이 잘 이루어집니다. 즉, 전환 뇌가 기능해 부교감 신경이 우세하게 전환되면 마음이 편안해져서 눈물이 흐르고 기분이 재정립되지요. 공감 뇌도 작용하므로 눈물을 흘린 뒤에는 평소의 안정감이나 다정한 분위기가 되돌아오지요.

아이가 울더라도
의연하게

딸아이가 남자 친구와 헤어져서 기분이 슬프다면 울고 싶은 만큼 마음껏 울어서 후련해지게 하면 됩니다. 열심히 울고 나면 여자아이는 공감 뇌에 따라 새로운 남자 친구를 찾아내는 일도 거뜬히 해냅니다.

그런데 남자아이는 여자아이만큼 못 해냅니다. 남자아이의 뇌는 도파민 작용이 강해서 여자 친구를 사귀는 일도 도파민식이지요. 목적을 이루기 위해 직진합니다. 좋아하게 된 여자아이와 어떻게든 가까워지고 싶다고 일편단심으로 생각합니다.

성인 여성도 실연하면 "나, 헤어졌어"라는 말로 과거의 사랑을 넘기고, 더욱더 아름다운 다음 사랑을 찾는 일에 남성보다 능숙하지요. 남성은 추억을 소중히 간직하거나 오래도록 연연하느라 능숙하게 전환하지 못하지요.

이것은 뇌의 차이이자 남녀 사고 패턴의 차이입니다. 세로토닌적인 연애와 도파민적인 연애의 차이라고도 볼 수 있습니다.

딸을 둔 엄마는 "훌쩍훌쩍 울지 말고 정신 차려야지"라는 말로 눈물을 그치게 하지 말고 마음껏 울게 내버려 두세요. 걱정 안 해도 됩니다. 아이는 "나는 이제 끝장이야…"라고 절망하다가도 금방 기운 차리고 평소의 활발한 모습을 되찾을 테니까요.

여자아이의 뇌

공부 안 하려는
아이의 마음

—

초등학교 저학년이나 고학년까지는 성적 차이가 크게 두드러지지 않는데, 중학교에 올라가면 아이의 성적이 마음에 걸리기 시작합니다.

아이가 너무 여유를 부리는 듯 싶으면 공부 좀 하라는 잔소리를 한두 번쯤은 하고 싶어질지도 모릅니다. 만약 아이가 사춘기에 들어섰다면 다루기 어렵습니다. 부모 말을 순순히 들어주지 않지요.

특히 여자아이와 대화할 때는 자극하지 않으려고 말을 골

라도, 아이는 공감 뇌로 부모의 말 구석구석에서 압박을 느끼고 고개를 팩 돌려 버립니다. 어떻게 의욕을 이끌어 아이가 스스로 책상에 앉게 할지 많은 절실하게 고민되지요.

제 경험을 말해 보겠습니다. 딸이 고등학생일 때, 저는 취미로 라켓볼을 즐겨 했습니다. 라켓볼은 스쿼시와 비슷한데, 사방이 벽으로 둘러싸인 코트에서 공을 벽에 맞춰 두 번 팅기기 전에 다시 라켓으로 받아치는 경기입니다.

제가 사는 지역 시니어 클래스에서 3위를 입상할 정도로 실력이 좋았지요. 제가 운동하는 모습을 본 딸도 흥미가 생겼는지 라켓볼에 완전히 푹 빠져서 학업에 집중하지 못할 정도였습니다.

저도 아내도 공부하라는 소리를 안 하는 부모인데, 그래도 대학만큼은 가주길 바랐습니다. 그래서 라켓볼을 계속하고 싶다면 학교 성적을 올리라고 처음으로 압박을 줬습니다. 이러한 압박이 모든 아이에게 효과가 있지는 않습니다. 그런데 제 딸에게는 효과가 있었어요. 딸은 갑자기 공부를 시작하더니 성적이 상위권으로 상승했습니다.

그야말로 도파민 원리의 결과라고 할 수 있었지요. 성적이 안정적인 한 좋아하는 라켓볼을 계속할 수 있기에, 딸은 목표를 위해 노력했습니다.

제 딸을 예시로 들지 않아도 성적 좋은 아이를 둔 부모라면 도파민적인 가치관을 효율적으로 자극하고 있을 것입니다. 말하지 않아도 공부하는 아이는 정신연령이 높으니까 주변에서 자극을 받거나 책과 텔레비전에서 정보를 얻어 스스로 척척 목표를 발견합니다.

그렇지 않은 아이라면 부모가 목표를 가르쳐 주지 않는 한 도파민에 쉽게 불이 붙지 않을 테지요.

도파민을 자극하고, 목적의식을 세워 준다

유아기의 아이가 칭찬받는 일을 좋아한다면, 부모가 칭찬을 했을 때 아이 마음은 기쁨으로 가득할 것입니다. 칭찬을 받고 싶어서 공부든 무엇이든 더욱 열심히 하지요.

칭찬은 우리 어른에게도 큰 격려가 되어 도파민에 불을 지피는 '보수'로 멋지게 기능합니다. 엄마들도 경험이 있으리라 생각합니다. "이 요리, 진짜 맛있다"라고 가족이 한마디 하면 요리하는 일이 즐거워지지 않나요?

그러나 사춘기 아이라면 단순한 칭찬이 아니라 좀 더 구체성을 띤 도파민적인 가치관이 필요합니다. 노력한 끝에 무엇이 있고, 그것이 어떤 가치와 의미를 지니는지를 제대로 보여 주어야 하지요. 구체성이 있느냐, 없느냐에 따라 동기부여가 전혀 달라지지요.

제 딸은 라켓볼을 계속하고 싶다는 눈앞의 목표가 있어서 가능했습니다. 그렇지 않다면 다른 말로 도파민을 자극해야 합니다. 예를 들어, 아이가 의사를 꿈꾼다면 "성적이 좋으니까 의대를 노리는 것이 좋겠구나"가 아니라 '의사란 사람 목숨을 구하는 일'이라고 알려 주고 목적의식을 명확하게 심어 줍니다.

공부를 왜 해야 하는지 고민하기 시작하는 나이대 아이는 그저 "공부해!"라는 말로는 잘 움직이지 않습니다. 앞에서 설명했듯이 여자아이에게는 꼭 최고가 되고 싶진 않더라도 남보다 뒤처지기 싫은 마음을 품습니다. 부모의 조언을 듣고 일단 동기부여가 되면 부지런히 공부해서 다른 아이와 나란히 섰을 때 부끄럽지 않을 성적을 얻으려고 노력하지 않을까요?

여자아이의 뇌

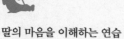

- 남자와 여자의 뇌를 구분짓는 데 관련 있는 뇌 속 물질은 '도 파민', '노르아드레날린', '세로토닌' 세 가지가 있다.

- 여자아이의 뇌에는 주목해야 할 '공감 뇌', '의욕 뇌', '집중 뇌', '전환 뇌'라는 전두엽전영역이 있다.

- 여자아이는 마음의 발달 속도가 남자아이보다 더 빠르고, 세 로토닌의 영향을 받아 공감 뇌와 전환 뇌가 발달한다. 전환 뇌가 잘 기능하지 않으면 자기 자신에 대한 공격성이 피어 나 우울증에 빠지기도 한다.

- 여자아이는 여성 호르몬의 영향으로 협조와 치유의 뇌 속 물질 세로토닌이 풍부하기에 무리에 속하기를 즐긴다.

- 여자아이가 사춘기가 되면 외모에 관심을 기울이기도 하고 이성 때문에 마음을 아파하기도 한다.

- 사춘기에는 단순한 칭찬이 아니라 구체성을 띤 도파민적인 가치관을 심어 줄 필요가 있다.

3장

딸을 이해하기 힘들 때, 뇌를 알아야 하는 이유

갑자기
온갖 참견을 할 때

—

"딸이 무슨 시어머니 같아…."

이렇게 한숨을 쉬는 엄마도 많습니다. 엄마가 입은 옷이나 머리카락뿐만 아니라 행동거지나 사고방식, 말투, 집안일을 하는 방식, 심지어는 젓가락 쥐는 법에 이르기까지 세심하게 살펴보는 딸 때문이지요.

딸은 엄마에게 이것은 별로라느니 저것은 이상하다느니 투덜거리고 잘 좀 하라고 주문합니다. 부모와 자식 사이라서 그런지 조심성 없는 신랄한 비판도 하게 되지요.

여자아이는 어려서부터 엄마가 입은 옷이나 화장품에 흥미가 많습니다. 늘 엄마를 관심 있게 봅니다. 그렇게 엄마에게 예쁘다고 말하던 아이가 갑자기 비판하는 순간이 오지요. 바로, 아이가 사춘기에 접어들었을 때입니다. 엄마는 달라진 딸 때문에 당황스럽지만 충분히 벌어질 수 있는 일이지요.

아이가 성장하면서 전두엽전영역이 활성화되고 공감 뇌의 감도가 높아지면, 좋은 면도 나쁜 면도 전부 한꺼번에 잘 볼 줄 알게 됩니다. 그러면서 아이는 세상의 많은 이치를 알아차립니다. 그때까지는 전폭적으로 믿었던 엄마도 예외는 아니게 됩니다. 오히려 가장 가까운 존재이므로 아이가 알아차리는 점이 많겠지요.

남의 시선이
중요해지는 시기

여자아이의 행동과 기분을 이해할 때 절대 잊어서는 안 되는 키워드가 바로, '유대'입니다. 엄마와 딸은 쌍방이 유대를 소중히 여기는 공감 뇌가 강하지요.

여자아이의 뇌

엄마와 딸의 연결은 엄마와 아들, 아빠와 딸, 아빠와 아들, 그 어느 사이보다도 훨씬 일체감이 강합니다.

엄마가 아름다우면 자기도 기쁘고, 이상하거나 보기 싫은 점은 당장 고치지 않으면 마치 자기 일처럼 부끄러워하지요. 지금까지 아무렇지 않았던 점이 눈에 띄고, 그냥 보고 넘어갈 수 없다고 생각하니까 아이 입에서 자꾸만 비판적인 말이 나온다고 볼 수 있습니다.

앞서 설명한 여자아이 특유의 경쟁 원리도 관련이 있지요. 흠잡을 구석 없는 완벽한 엄마는 바라지 않는데, 친구 엄마와 비교해서 우리 엄마가 아줌마 같거나 유행에 뒤처진 옷을 입으면 '죽어도 싫다, 용서 못 한다'라는 여자아이 특유의 경쟁심이 발현됩니다.

학부모 수업 참관 같은 일로 학교에 갈 때, 옷차림을 신경 쓰지 않으면, 혹시 마구 불평을 늘어놓지 않나요? 처음부터 "학교에 오지 마", "수업 보지 마"라며 엄마가 모습을 드러내는 자체를 싫어하는 아이도 많을 것입니다.

엄마에게 과도한 관심을
주는 때가 있다

저는 부모들에게 이런 이야기를 들었습니다. 학교에 가면, 자기 딸만 엄마를 살펴보는 것이 아니라 같은 반 여자아이들 까지 품평하는 듯한 시선을 보낸다는 말을요.

친구의 엄마에게 관심이 있다기보다 '다른 집 엄마와 비교해 우리 엄마는 어떨까? 부족하지 않을까?' 하고 자신의 엄마를 비교 대상으로 바라봅니다.

일거수일투족 명령하는 소리를 들으면 너무 버겁지만, 딸이니까 엄마에게 속내를 털어놓는다고 여기고 너그러운 기분으로 엄마를 살피는 아이를 받아들여 주세요.

　　　　　　　　　　　　여자아이의 뇌

여자아이가 가진
본래 마음

—

여자아이와 남자아이를 모두 둔 엄마에게 성별이 다른 아이들을 키우며 어떤 순간에 차이를 느끼는지 물어보았습니다. 그 엄마는 여자아이는 어려서부터 굉장히 사교적이라고 했지요. 간식 하나를 먹을 때도 남자아이와 다르게 표현이 많다고 했습니다.

엄마가 집에 놀러 온 아이의 친구에게 간식을 준비해 주면, 여자아이는 거실에 모여 앉아 엄마까지 끼워서 수다를 떨며 간식 시간을 즐긴다고 합니다.

남자아이는 엄마가 준 간식을 순식간에 다 먹어 치우고는 아무 일도 없었다는 듯이 또 각자 놀러 나간다고 했지요.

엄마가 멋지게 표현한 '사교적'이란 말은 여자아이의 기분이나 사고방식의 특징을 말하는 키워드 가운데 하나입니다. 여자아이는 '유대감'을 마음으로부터 원하니까요.

여자아이의 뇌는
사교성이 풍부하다

여자아이가 사교적일 수 있는 이유는 다른 사람과의 관계가 원만하게 이루어지도록 세심하게 배려하는 능력이 있기 때문이지요.

집을 잘 정리하고, 가구나 장식품 위치가 조금만 달라져도 알아차리는 능력과 소통할 때의 세심함은 같습니다. 배려할 줄 아는 힘이지요. 이 점은 여자아이가 압도적으로 뛰어납니다. 남자아이는 도저히 못 이겨요. 아마도 수렵 시대의 흔적 중 하나일 것입니다. 넓은 세계에서 사냥감을 쫓는 남자들과 달리, 좁은 공간에 머물며 한정된 사람들과 원만한 인간관계를 구축하려면 여자들이 갖춰야 했던 능력이지요.

여자아이가 남자아이 이상으로 친구 관계를 소중히 하고 친밀하고 정감 있게 지내는 이유는 이처럼 뇌에 사교성이 내포된 이유입니다.

또 다른 이유는 사람과 어울리면서 편안함을 추구하는 마음 때문입니다. 여자아이들은 친구랑 매일 같이 어울려 놀고 찰싹 달라붙으려 하기 쉽지요. 여자아이의 본래 모습이 그렇기 때문이니 지극히 자연스러운 모습입니다.

만약 딸이 독립적인 사람으로 자랐으면 좋겠다고 생각한다면, 아이는 본래 지닌 특성을 억눌러야 할 것입니다. 아이는 경쟁 사회에 몸을 던져 남성과 함께 일하며 도파민적으로 살아야 하지요. 여자아이가 마음 깊은 곳에서 원하고 사람 곁에서 머무르는 편안한 환경이, 도파민 세계에는 없기에 도파민적인 인생을 사는 여성은 그만한 각오가 필요합니다.

세로토닌적 생활과
아이의 행복

과거에 즉, 지금보다 안정적이고 경제가 큰 혼란 없이 돌아가던 시대에는 도파민적으로도 세로토닌적으로도 열심히 노력하는 여성에게 행복이 약속되었습니다.

지금은 어떤가요? 경제나 사회가 훨씬 불안해진 세계에서는 남성도 여성도 아무리 도파민적으로 목표를 향해 노력을 거듭해도 그 앞에 반드시 행복이 기다린다고 할 수 없습니다.

그러니 사회에 맞춰 행복의 형태를 다시 생각할 때가 왔습니다. 여성의 생활 방식이나 지향점도 조금씩 달라지리라 생각합니다.

앞으로는 다른 사람과의 조화를 존중하는 세로토닌적인 생활이야말로 평온하고 가치 있는 삶이라고 여기는 사회가 오리라고 짐작합니다. 조직도 상승 지향이 강한 타입보다는 뛰어난 커뮤니케이션 능력과 협조성을 지닌 인재를 추구하는 경향이 강해지겠지요. 무리해서 도파민적으로 살지 않더라도, 자연스러운 세로토닌적 생활 방식으로 충분히 행복을 찾을 수 있지 않을까 하고 기대해 봅니다.

여자아이의 뇌

딸과 감정싸움이
오간다면

—

　엄마와 딸 사이에 감정 싸움은 흔합니다. 시작은 대부분 별
것 아닌 일이지요. "숙제는 했니?" 하고 엄마가 말을 건넨 것
이 마음에 안 들어서 "아우, 시끄럽거든!"이라고 받아치면서
시작합니다.

　요즘 여자아이들은 화를 내기보다 "나보고 뭐 어쩌라고?"
라고 쌀쌀맞은 목소리로 대답한다고 합니다. 대놓고 말대꾸
하는 것보다 훨씬 더 기분을 거스른다는 의견을 들은 기억이
있습니다.

엄마는 가볍게 확인하려고 물었을 뿐인데 아이는 발끈한 반응을 보인다고 하지요. 말다툼까진 하지 않더라도 입을 꾹 다물고 대꾸하지 않을지도 모릅니다.

엄마가 애를 먹는 이유는 아이가 아주 어렸을 때는 아무렇지 않았던 일이나 평범하게 대화를 나눴던 일로 지금은 충돌해서 그렇지 않을까 싶습니다. 언제 어디에서 아이의 '불쾌함 스위치'가 켜질지 모르니 아이의 안색을 살피며 말을 걸어야 하는 고충이 생기지요. 스트레스도 어마어마하게 쌓이겠고요.

아이의 마음을
모르기 때문이다

아이와 부모가 충돌하는 이유는 부모가 아이의 마음을 제대로 이해하지 못하기 때문입니다. 예를 들어, 아이가 사춘기에 들어서면 아이의 공감 뇌는 어른 이상으로 민감하게 작용해 사물의 본질을 꿰뚫어 봅니다. 어른의 겉과 속을 알아차려서 어른을 깜짝 놀라게 할 때도 있지요.

한편, 어른은 아이를 여전히 어리다고 생각해서 말로 적당히 구워삶으려고 합니다. 하지만 아이는 부모 속을 훤히 들여다보니까 같은 수법은 절대 안 통합니다.

부모는 말을 직설적으로 하는 아이를 건방지다고 느끼고, 아이는 겉과 속이 다른 부모의 말을 순순히 듣지 않아요. 이러니 말다툼이 늘어나고도 남습니다.

"숙제는 했니?"라고 물었을 때, 아이는 '엄마가 숙제했는지 나를 의심하네. 사실은 6학년이나 됐으면서 그렇게 놀고 있어도 되냐고 말하고 싶은 것이 분명해' 하고 말의 속내를 읽어 냅니다.

솔직하게
진심을 말하라

부모들은 아이를 자극하지 않으려고 세심하게 마음을 쓰려 노력하겠지요. 세심하게 마음을 쓰는 일도 중요하지만, 솔직하게 말하는 진심이 중요합니다.

"엄마도 네가 매번 숙제를 열심히 하는 것을 알아. 하지만 어제는 책상에 앉은 모습을 못 봤으니까 조금 걱정되어서 그래."

　이렇게 생각한 바를 그대로 말하세요. 진심으로 대하는 사람을 어른도 아이도 마찬가지로 신뢰합니다.
　딸의 반항적인 태도를 받아넘기지 못하는 이유는 엄마가 도파민적인 보수를 얻지 못하는 모순에 짜증이 났기 때문이라고 설명할 수 있어요. 아이를 위해서 엄마는 많은 일을 하는데 아이는 불평만 잔뜩하겠지요.

　여자아이니까 같이 쇼핑하러 가거나 케이크를 구우며 딸의 성장을 기쁘게 지켜보고 싶은데 눈앞에 펼쳐진 모습은 혹독한 현실입니다. 열심히 육아에 전념한 보상으로서 '원만한 모녀의 시간'을 얻어야 하는데, 계산이 안 맞아도 너무 안 맞지요.
　이럴 때는 엄마가 전환 뇌를 활용해 냉정해지는 것이 중요합니다. 여자아이의 반항은 공감 뇌가 민감해졌기 때문에 생기는 당연한 일이니까요. 어떤 때든 아이를 진심으로 대하려고 유의하고, 그래도 아이가 반항하면 '원래 이때는 이런 법이지' 하고 넘어가세요.

엄마는 엄마대로 차를 마시거나 산책하는 등 일단 한 걸음 물러나서 기분을 전환하면, 폭풍우 같은 아이의 반항기를 극복할 수 있을 것입니다.

의욕 뇌는
어떻게 키울까?

—

사춘기에 들어서면 성호르몬의 영향으로 네 개의 뇌 중 공감 뇌와 의욕 뇌의 기능에 남녀 차이가 현저하게 나타납니다. 전환 뇌 또한 여자 쪽이 훨씬 더 잘 기능하지요.

반면에 집중 뇌는 성별 차이가 거의 보이지 않습니다. 집중해서 문제집을 푸는 능력은 남녀 차이가 거의 없다고 보면 됩니다.

그렇다면 부모들이 특히 궁금해 할 공부력은 남녀 차이를 보일까요? 뇌가 다르면 과연 공부력에도 영향을 미칠까요?

이 질문의 대답은 단언컨대 '아니오'입니다. 뇌과학적으로 남녀 사이에 공부력 차이는 존재하지 않습니다. 다만, 의욕을 일으키는 의욕 뇌는 여자아이 쪽이 약하다는 점은 아이의 성장을 위해 조금은 유념할 필요가 있겠지요.

뇌 자체에 공부력 차이를 보이는 기능적인 차이는 없지만, 학습에 몰두하는 방식 즉, 의욕 뇌가 만드는 '의욕'이 다르면 당연히 학업 능력에 차이가 생기는 법입니다.

의욕 있는 아이는 결과가 따라오고, 의욕 없는 아이의 성적은 그저 그럴 테니까요. 만약 내 아이가 공부를 잘한다면 의욕 뇌가 강하다고 보면 됩니다.

성적을 높이는
도파민 효과

남자아이는 남성 호르몬이 왕성하게 나오면 도파민이 활성화되어 의욕이 높아집니다. 좋은 성적, 칭찬, 표창장, 순위 등 형태는 달라도 어떤 보수를 얻음으로써 기분 좋은 행복감에 젖어 의욕을 더 이어갑니다.

도파민 원리는 여자아이도 똑같습니다.

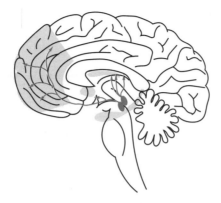

도파민이 뇌에 분비되는 경로

"정말 대단하구나."

아이를 키우다 보면 칭찬 한마디에 아이가 갑자기 의욕을 보이는 일이 자주 있습니다. 이처럼 아이를 성장시키는 추진력을 주는 뇌가 의욕 뇌입니다.

주변과 조화를 이루며 사는 일도 매우 중요한데, 몸과 마음의 성장이 뚜렷한 사춘기부터 청년기에 걸쳐서는 남녀를 불문하고 의욕 뇌를 활발하게 살려야 합니다.

아쉽게도 도파민 활성이 부족한 아이라면, 부모가 아이의 의욕 뇌가 성장하도록 다음과 같이 도와주면 좋겠습니다.

먼저 '말'입니다. 못 하는 일을 "그럼 안 되지"와 같은 말로 탓하거나 비난하지 말고, 잘 해낸 일을 보고 "정말 잘했네", "열심히 했구나"라고 인정해 줍니다. 그러면 의욕 뇌가 자극받아 다음 단계로 향하려는 마음이 일어납니다.

무언가에 몰입할 환경을 만들어 주는 것도 좋습니다. 테니스나 춤을 좋아하면 테니스 동아리에서 활동하게 하거나 댄스 학원에 보내 응원해 주세요. "정말 잘했구나", "열심히 했구나"라는 엄마 말이 도파민을 분비시킵니다.

음악이나 미술, 만화 등 취미에 몰두해 대회 출전을 목표로 하거나 결과가 나오는 시험 등에 도전하는 것도 한 가지 방법이겠습니다.

"넌 만화만 그리니?"라거나 "꿈 같은 소리는 좀 그만해"처럼 의욕을 싹부터 짓이기는 말은 삼가고, 있는 힘껏 응원해 주어 기분 좋게 아이의 의욕 뇌를 성장시켜 줍시다.

공감 뇌가
중요한 이유

—

여자아이 특유의 사고방식이나 행동은 공감 뇌에서 만들어진다고 이야기했습니다. 사람 마음을 읽는 공감 뇌를 깊이 이해하면 아이의 성장을 지켜보고 돕는 다양한 열쇠를 얻을 수 있지요.

육아의 터닝 포인트는 아이의 몸도 뇌도 격변하는 사춘기입니다. 사춘기 전후로 아이가 달라지므로 부모의 마음가짐도 달라져야 합니다. 사춘기에 들어서기 전인 유아기부터 유년기의 아이는 특히 공감 뇌를 소중하게 키워가야 합니다.

무엇이 아이의
내면을 풍부하게 할까?

공감 뇌는 몸짓, 표정, 눈빛으로 사람의 마음을 읽어 내는 뇌입니다. 소통을 잘하기 위한 뇌라고 해도 좋겠습니다.

우리가 평소 나누는 대화 중 말이 개입하지 않는 소통 방법을 '비언어 커뮤니케이션'이라고 한다고 앞서 언급했습니다. 공감 뇌가 깊이 관련하는 비언어 커뮤니케이션은 아이가 어릴 때부터 꼭 키워 놓으면 좋은 능력이지요.

비언어 커뮤니케이션은 사람과 사람이 나누는 커뮤니케이션 전체의 절반 이상을 차지합니다. 우리는 말을 쓰는 대화보다 상대의 표정을 보고 기분을 파악하고 공감하는 커뮤니케이션을 풍부하게 나누며 살아가니까요.

공감 뇌의 생리학적 발달은 10세쯤에 어느 정도 끝납니다. 그 뒤로 여자아이는 세로토닌의 활성화가 일어나면서 공감 뇌가 더욱 발달하지요. 그 시기가 오기 전에 '공감하는 마음'의 기초 능력을 높여 두면 훗날 사회 생활을 좌우할 수 있습니다.

차분하고 사람의 기분을 이해하는 균형 감각이 뛰어난 사람으로 성장하려면 어려서부터 주변과 커뮤니케이션을 착실

하게 나누고 사람과 어울리며 공감하는 힘을 키우는 일이 중
요합니다.

갓 태어난 아기도
할 수 있다

갓 태어난 아기도 예외는 아닙니다. 공감 뇌는 태어난 뒤
부터 바로 발달을 시작하니까요. 엄마 앞에서 울거나 손발을
움직이는 행동도 왕성하게 커뮤니케이션을 하는 것이지요.

아기는 엄마에게 끊임없이 커뮤니케이션을 합니다. "말도
못 하는 아기가 어떻게 소통을 해?"라고 의아하게 생각할 수
도 있겠지요.

자, 아이가 아직 갓난아기였을 때를 떠올려 보세요. 품에
안은 아기가 엄마를 빤히 바라보며 젖을 빨지 않았나요? 엄
마가 다정하게 웃어 주면 아이는 같이 웃기도 했지요. 아기
는 안아준 엄마의 호흡, 심장 소리, 시선, 표정을 통해 마음
의 움직임을 읽어 내니까요. 말은 못 해도 비언어 커뮤니케
이션으로 엄마의 기분을 민감하게 감지하고 소통을 하려고

하지요.

아기는 엄마 품에 안겼을 때나 엄마 얼굴이 가까워져서 호흡을 느끼면 엄마가 지금 침착한지 흥분했는지를 감지합니다. 배 속에서 계속 들은 엄마의 심장 소리는 잘 아는 익숙한 소리여서 구별할 수 있지요. 시선이 마주치지 않으면 자기에게 관심이 없음을 알아차리고, 엄마 눈빛이 무서워지면 울음을 터뜨립니다.

말이 없어도 이렇게 커뮤니케이션을 할 수 있는 이유는 공감 뇌가 급속히 발달했기 때문입니다. 심리학적으로도 아기는 엄마가 생각하는 바를 읽을 수 있다고 합니다.

"미리 알았으면 아기 시절에 좀 다르게 대했을 텐데"라고 아쉬워하는 부모도 있겠지만, 엄마들은 대부분 무의식적으로 훌륭하게 대응하니 괜찮습니다.

아이가 1~2세가 되어 걷기 시작하면 아이를 동네 공원이나 놀이터에 데리고 가지요. 그곳에서 다른 아이들을 만나게 합니다. 아이와 아이끼리 커뮤니케이션, 사회화를 시작합니다.

그렇게 자라면서 점점 움직임이 활발해지고 자아가 싹터 '자기주장'을 하기 시작하면 친구와 충돌하기도 합니다. 충돌하면서도 아이들끼리 어울리고 장난치며 노는 일은 공감 뇌 발달을 위한 아주 중요한 과정입니다.

사이좋게 노는 일은 물론이고 충돌하는 일도 중요한 경험입니다. 상대가 우호적인지 싫어하는지 표정으로 구별할 줄 알게 되는 자산이 되니까요. 그런 일을 반복하면서 공감 뇌는 무럭무럭 자라납니다.

공감 뇌는
사회 능력을 키운다

아이가 초등학교에 들어가면 공감 뇌를 키우는 기회가 더욱 늘어나지요. 아이를 둘러싼 환경이 크게 달라져서 반 친구, 어울려 노는 친구, 학원 친구 등 아이의 인간관계가 훨씬 넓어집니다. 다양한 유형의 친구들과 어울리고 거듭 학습하면서 상대의 기분을 읽을 줄 알게 됩니다.

이 시기에 공감 뇌를 잘 발달시키면, 어른이 된 뒤에 남의 말을 곧이곧대로 듣지 않고 말 뒷면에 숨은 본심을 짐작하는 사려 깊은 사람이 될 수 있습니다. 입으로는 굳세게 "괜찮아"라고 말해도 사실은 괴로워하는 경우도 얼마든지 있으니, 눈치껏 분위기를 파악할 수 있어야 하지요.

어떤 상황이든 그 자리의 분위기를 읽고 스스로 어떻게 행동하면 좋을지 판단하는 힘은 공감 뇌에서 생깁니다. 그렇기에 아이가 어릴 때부터 경험으로 몸소 알아가는 일은 매우 중요하지요. 어려서부터 친구와 섞여 어울리는 경험을 많이 하면서 가꿔가도록 도와주세요.

열 살이면
다 안다

—

친구들과 어울리며 자라난 공감 뇌는 10세쯤이면 어느 정도 발달을 마칩니다. 그렇다고 아주 멈추지는 않고 착실하게 발달을 이어갑니다. 강도에 차이는 있지만 여자도 남자도 공감 뇌는 계속 발달합니다.

그러다 사춘기에 들어서면 공감 뇌의 강도가 절정에 달합니다. 일시적으로는 어른보다 강력해지기도 합니다. 아이가 사춘기 시기일 때, 뇌는 단순히 '어른의 축소형'이 아니라 다른 나이대와는 일선을 긋는 특수한 상황에 놓여 있습니다.

공감 뇌의 역할은 말을 하지 않고 표정 등에서 상대의 기분을 알아차리는 비언어 커뮤니케이션을 능숙하게 만들지요.

"나 놀아도 돼?"라고 물었을 때, 엄마가 한숨을 한 번 푹 쉬면 아이들은 안 된다는 사실을 이해합니다. 그런 커뮤니케이션은 어른보다 사춘기 아이들이 훨씬 민감하게 반응한다는 사실을 지금까지 연구로 밝혀냈습니다.

아이는 생각보다
더 빨리 자란다

아이는 백지상태에서 엄청난 속도로 말을 익히고, 10세쯤에는 거의 어른 수준까지 언어 능력을 끌어올리며 발달을 마칩니다. 단어가 어른 정도로 풍부하지는 않지만, 어른과 의논할 수 있을 정도로 언어를 다루는 힘을 갖추게 됩니다. 표현을 바꾸면, 어른이 말로 교묘하게 달래지 못하는 수준까지 아이의 능력이 성장했다고 봅니다.

아이가 어릴 때는 어떤 의미에서 말로 조종할 수 있고, 얼마든지 말로 타이르고 속아 넘길 수 있습니다. 산타클로스의 존재를 믿는 아이들은 "착하게 굴지 않으면 산타 할아버지가 선물을 안 줄 거야"라고 말하면 어떤 일이든 꾹 참지요.

그러나 4학년쯤 되면 "산타클로스 혼자 전 세계의 아이들에게 선물을 주는 것이 말이 돼?" 하고 너무도 쉽게 환상을 부정합니다. 부모에게는 참 곤란한 상황이지요.

.

부모는 난감한 상황을 넘기려고 가끔 아이에게 말로 둘러 댈 때가 있지요. 상황에 따라서는 어른의 사정으로 다소 거짓말을 하기도 합니다. 아이가 어렸을 때는 그렇게 해도 통하는데, 10세가 지나면 "엄마, 말이 앞뒤가 안 맞잖아!" 하고 쉽게 간파합니다. 그러면 부모는 어떻게든 말을 꾸며서 공격을 회피하려고 하는데, 아이는 이해하기는커녕 "이러니까 어른은 믿을 수 없다는 거네"라며 경멸하는 눈빛을 보낼지도 모릅니다.

이때, 왕성하게 성장한 딸의 내면을 따라가지 못한 아빠가 대처를 어설프게 한 결과, 아빠와 딸의 관계가 싸늘하게 식어버리는 사례가 많습니다.

특히 사춘기 시절에는 부모와 자식이 툭하면 전쟁을 벌이는 날이 이어집니다. 딸이 아무리 날카로운 말을 하더라도, 또 부모의 흠을 들추는 언행을 할지라도, 부모는 발끈해서 반응하지 말고 '이 나이대 여자아이는 공감 뇌가 급격하게 발달하니까' 하고 냉정하게 생각하기를 잊지 마세요.

성격이 달라지는 것이 아니라 뇌가 성장하는 탓이라고 생각하면 능숙하게 상황을 받아넘길 수 있을 것입니다.

감정 기복은
뇌 때문이다

—

　여자아이가 성장하면서 사춘기가 되면 뇌가 성장하고, 그러면서 여성 호르몬도 활발해집니다. 이 시기 여자아이의 뇌는 여성 호르몬과 밀접하게 연결되었지요. 그 말은 당연히 월경 주기에도 영향을 받는다는 뜻입니다.

　월경은 여성 호르몬 중에도 '에스트로겐'이라는 여성 호르몬과 관련이 깊습니다. 에스트로겐은 일정한 리듬으로 분비량이 변동합니다. 이것이 대략 28일 주기로 오는 월경입니다. 여자아이는 월경 시작과 함께 사춘기가 뚜렷해집니다.

에스트로겐이
충분하지 않을 때

에스트로겐 분비는 배란일 조금 전부터 서서히 늘어나 배란할 때 최고를 찍고, 다시 감소해서 가장 적어진 시점에서 월경이 시작됩니다. 그리고 또 배란에 맞춰 증가하지요.

많은 여성들은 배란부터 월경까지 에스트로겐이 감소하는 동안, 성질이 나거나 기분이 우울해지는 현상을 경험합니다. 성질이 나는 이유는 다른 것이 아니라 여성 호르몬인 에스트로겐의 양이 적어지기 때문이지요. 연동하는 세로토닌도 줄어들어 공감 뇌의 작용이 둔해지기 때문에 벌어지는 일입니다.

여자아이도 여성 호르몬 에스트로겐의 영향을 받습니다. 에스트로겐 분비가 감소하는 월경 전은 세로토닌도 부족해져서 짜증이 늘어납니다. 세로토닌 농도가 낮아서 기분이 가라앉고 정신적으로 불안정해진다고 생각하면 됩니다. 월경이 시작한 뒤에는 세로토닌도 충분히 분비되어 기분이 안정되지요. 세로토닌 농도가 높아지므로 공감 뇌가 활성화해 기분이 안정적이고 활발해집니다.

다음의 그림처럼 뇌에 고루 퍼집니다.

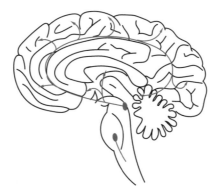

세로토닌이 뇌에 분비되는 경로

따라서 여자아이가 월경을 시작하면, 월경 주기에 지배되어 감정 기복이 심해질 뿐만 아니라 뇌 기능 자체가 변화한다는 사실을 부모는 기억해야 합니다. 이렇게 생각하면 마음이 한결 가벼워지겠네요.

'여자아이의 감정 기복은 뇌 때문이다.'

사람 마음을 읽는 능력이 최고 수준 상태에 도달하고 뇌가 28일 주기로 변화하게 되는 시기라면, 부모와 충돌하는 일도 이상하지 않은 일입니다. 뇌가 그런 식으로 만들어졌으니 지금까지처럼 부모가 아이를 마냥 어린아이로 생각하는 방식

여자아이의 뇌

은 통하지 않지요. 아이와의 관계를 조금씩 궤도 수정할 때가 왔다고 생각하는 편이 좋습니다.

세로토닌이
이끄는 생활

아이가 중학교를 졸업할 시점에는 호르몬(월경) 주기에도 익숙해져서 정신적으로도 차분해집니다. 미래의 꿈이나 희망을 구체적으로 그리기 시작할 것입니다.

만약 딸아이가 자립심이 왕성한 유형이고, 공부를 열심히 해 명문 대학에 들어가 남성들에게 지지 않고 열심히 일하고 싶다는 희망을 품었다면, 경쟁사회에서 각오하고 목표를 향해 도파민적으로 살 것입니다.

반대로 따스한 가정을 꾸리고 다정한 엄마가 되고 싶어 한다면, 사회에서 활약하기보다 사람들과의 유대를 중요하게 생각하는 세로토닌적 생활 방식을 선택하겠지요.

20대 초반까지는 대조적인 두 가지 생활 방식이 나뉘어 저마다의 삶을 열심히 살더라도 출산 적령기를 맞이하면 도파

월경 전의 짜증과 세로토닌의 관계

민적인 여성도 일단은 일에서 멀어져 세로토닌적인 삶으로 전환하는 선택지도 있습니다.

도파민적인 여성이라면 한창 경력을 쌓는 중이고 일에도 서서히 익숙해졌는데 일시적으로 일을 떠나면 전선 이탈 같아서 괴로울지도 모릅니다. 그러나 아이를 낳고 키울 수 있는 나이는 한정적이고 그런 일에는 다른 일로 대체할 수 없는 행복도 존재할 것입니다.

여성은 세로토닌적인 면을 타고났으므로 출산의 시기가 오면 도파민적으로 노력하는 여성도 출산 전후 2~3년 동안은 세로토닌을 마음껏 분출하는 생활에 몰입합니다.

세로토닌적 마음을 순수하게 따르며 지내는 시간은 행복으로 채워진 귀중한 시간이 되지 않을까요? 사회적인 활약을 원한다면 출산 이후에 도파민을 활성화하는 생활로 돌아가면 됩니다.

이 세상에 다양한 의견이나 가치관이 존재합니다. 그래도 한 가지 분명한 사실을 말할 수 있습니다. 여성은 일정 시기, 뇌를 거부하지 않고 현재 상태를 받아들이고서 자기 자신을 어떻게 이어갈지 유연하게 생각할 시간이 필요하다는 것입니다. 뇌과학자로서, 또 인생 선배로서 제 견해입니다.

아빠와 멀어지는
딸의 속마음

—

얼마 전까지만 해도 손을 잡고 걷던 딸이 말을 걸지 않고 멀리 떨어져서 걷습니다. 제 딸은 저에게 "냄새나!"라고 하고, 엄마에게 "아빠 옷이랑 빨래 따로 해 줘"라는 말을 했습니다. 정말 어쩔 줄 모르겠고, 딸과 제 사이에 생긴 높디높은 벽 앞에서 혼자 쓸쓸함을 곱씹고 있었지요…. 다른 아빠들도 이렇게 한탄과 불평이 하는 소리가 들리는 것 같네요.

사춘기 시절 딸아이의 마음이 아빠에게서 떠나는 이유가 무엇일까요? 그럴 나이니까 어쩔 수 없을까요? 네, 맞아요.

그럴 나이이기 때문입니다. 그렇다면 왜 그럴 나이인 딸아이는 아빠를 싫어할까요?

뇌과학적으로 설명해 보겠습니다. 먼저 성호르몬의 분비를 생각해야 합니다. 여자아이는 뇌 속 세로토닌 분비량이 월경 주기에 연동해서 변화한다고 설명했습니다. 에스트로겐 분비가 왕성한 배란 전에는 뇌 속 세로토닌 농도도 높아 기분이 안정적이고, 에스트로겐 분비가 적어지는 월경 전에는 세로토닌 농도도 낮아져서 기분이 불안정해집니다. 에스트로겐의 양으로 기분이 올라갔다 내려갔다 하는 것, 가장 먼저 주목해야 할 점입니다.

아빠를 이해하지 못하는 시기가 온다

에스트로겐 분비가 줄어 세로토닌 농도가 낮아진 시기에 평소처럼 딸에게 접근하는 일은 자진해서 지뢰를 밟는 것과 마찬가지입니다. 아무 짓도 안 했는데 딸이 매섭게 노려보고 쌀쌀맞은 말을 듣게 됩니다. 분위기가 험악해지지요.

아직 월경 주기에 몸이 익숙해지지 않은 사춘기는 특히 여자아이의 기분이 불안정해지기 쉬우니 한동안은 시기를 잘 생각하면서 대하는 편이 좋겠습니다.

　사춘기에 엄청나게 발달하는 강력한 공감 뇌도 아빠와 엇갈리게 되는 하나의 요인입니다. 여자아이는 깨끗한 것을 좋아해서 단정하고 청결한 환경을 추구하고, 사회생활을 통해 인간관계를 바람직하게 구축하는 방법을 일찍부터 몸에 익힙니다. 사회에 받아들여지려면 청결함을 유지하고 좋은 냄새를 풍기고 바른 말씨를 쓰고 인사를 잘하는 것이 중요하다고 본능적으로 알지요.

　그러니 아빠의 다소 거친 말투를 용납할 수 없고, 어깨에 비듬이 떨어져도 아무렇지 않은 모습을 참을 수 없을 것입니다. 이 세상에 아빠가 어떤지 유심히 보는 사람이 아무도 없다고 아무리 설득해도 딸에게는 안 통합니다.

　공감 뇌의 작용으로 비언어 커뮤니케이션 능력을 갖춘 여자아이는 굳이 말하지 않아도 자신의 태도를 보고 기분을 알아차려 주기를 바랍니다. 딸도 상대의 마음을 읽으려 하지요. 그런데 딸보다 공감 뇌가 낮은 수준에서 안정된 아빠는

갑자기 찾아오는 아빠와 딸의 단절

"내가 말하지 않아도 알잖아?"라는 딸의 기분을 도통 알 수 없어요. 섬세함이라곤 하나도 없고 이심전심도 안 되는 아빠가 딸을 열 받게 합니다.

잠시 지나가는
시간일 뿐이다

아빠의 태도에 반발도 생기는 시기입니다. 초등학교 3학년부터 6학년 아이를 둔 아빠라면 한창 사회에서 열심히 일할 나이입니다. 아빠는 가족을 위해 돈을 벌고, 지위와 재산을 얻기 위해 도파민적인 가치관에 중요하게 여기면서 살아갑니다. 한 가정의 가장이자, 회사의 직원으로 권위적인 면도 있고, 효율적인 행동을 더 가치 있게 느끼는 뇌를 지녔어요.

한편, 사춘기 여자아이는 공감 뇌가 우선하기에 세로토닌적인 융화와 풍부한 감정을 원합니다. 아빠가 사는 세계가 딸에게는 저항감을 느끼게 하지요.

이처럼 몇 가지 이유가 겹쳐서 엄마와의 대립과는 또 다른 형태로 아빠와 대립하게 됩니다. 딸이 툭하면 아빠를 업신여기고 끔찍할 정도로 싫어하니까 아빠에게는 한동안 수난의

나날이 이어질 것입니다. 딸의 전두엽전영역의 기능이 발달하고 뇌와 마음의 성장이 순조롭게 이루어진다고 인식하면, 넓은 마음으로 지켜볼 수 있으니 지켜봐 주세요.

엄마가 보기에는 조마조마할지 모르나 대학생쯤 되면 분명 다정다감한 딸로 돌아옵니다. 그때까지 아빠와 딸의 관계가 조금 서먹서먹해져도 절대 이상한 일은 아닙니다.

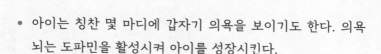

- 아이는 칭찬 몇 마디에 갑자기 의욕을 보이기도 한다. 의욕
  뇌는 도파민을 활성시켜 아이를 성장시킨다.

- 공감 뇌의 생리학적 발달은 10세쯤에 끝난다. 그 뒤로 여자
  아이는 세로토닌의 활성화가 일어나면서 공감 뇌가 더욱 발
  달한다.

- 여자아이는 비언어 커뮤니케이션 능력이 뛰어나서 상대의
  기분을 파악하거나 말의 이면을 잘 읽어 낸다.

- 여자아이의 행동과 기분을 이해할 때 '유대'가 중요하다.

- 여자아이의 반항은 공감 뇌가 민감해졌기 때문에 생기는 당
  연한 일이다. 아이를 진심으로 대하고, '원래 이때는 이런 법
  이지' 하고 유연하게 넘긴다.

- 여자아이는 굳이 말하지 않아도 자신의 태도를 보고 기분을
  알아차려 주기를 바란다. 부모는 섬세하게 마음을 눈치 채
  는 기술이 필요하다.

4장

여자아이의
의욕 뇌, 집중 뇌를
키우는 법

딸아이 맞춤
두뇌 활성법

—

딸아이의 기분이나 행동 특성을 잘 이해하면 매일의 육아가 훨씬 편해집니다. '딸에 관해서라면 내가 제일 잘 아는 줄 알았는데 아니었어', '사춘기 여자아이는 어찌나 미묘한지 대하기 귀찮아질 정도야'라고 생각하는 부모도 지금보다 훨씬 현명하게 아이를 대할 수 있을 것입니다.

지금부터는 여자아이의 마음 구조를 더욱 잘 이해하기 위해서 뭔가 곤란한 일이 생겼을 때의 대처법, 나아가 '바탕부터 유연한 마음'으로 키워나가는 방법을 소개하려 합니다.

네 개의 뇌(공감 뇌, 의욕 뇌, 집중 뇌, 전환 뇌) 중 어느 하나에 치우치지 않고 제각각 균형적으로 발달시켜서 엄마도 딸도 매일 생기 있게 생활하기 위한 '두뇌 활동법'입니다.

열쇠를 쥔 것은 평상시 생활 습관입니다. 여자와 남자의 마음 구조는 엄마 배 속에 있을 때부터 차이가 생기는데, 네 개의 뇌 기능은 아기 때부터 어른이 될 때까지 서서히 성장합니다. 그러니 가족이나 친구들과 관계를 맺는 방식이나 학교나 가정에서 지내는 방식에 따라 네 개의 뇌도 성장이 크게 달라지겠지요.

아기가 말을 익히는 과정을 한번 생각해 봅시다. "응애 응애" 하고 우는 방법 이외에 커뮤니케이션 수단이 없었던 아기가 "아부 아부" 하고 뭔가 발음하기 시작하고, "엄마 아빠"라는 말을 시작으로 점차 말을 익혀가지요.

이런 언어 발달은 아이가 어떤 생활환경에서 자라는지가 크게 영향을 받습니다.

세 개의 뇌에는
적절한 자극이 필요하다

늑대가 키운 쌍둥이 소녀 이야기를 아시나요? 인도 숲에서 발견된 어린 쌍둥이 자매는 문명과 동떨어진 세계에서 오랜 시간을 보낸 탓에 인간의 말을 하지 못하고, 잠자는 방식이나 걷는 방식까지 늑대와 똑같다고 합니다(늑대 소녀 에피소드의 신빙성에 관해서는 논쟁이 있습니다).

극단적인 예시지만 아마도 인간으로서 생활하지 못했기에 언어를 관장하는 뇌가 제대로 발달하지 않았고, 언어를 말하지 못했기에 인간다운 생활 습관도 익히지 못함을 보여줍니다. 인간의 뇌는 그냥 두면 알아서 발달하지 못하니까요.

물론 늑대 소녀처럼 극단적인 환경에서 육아하는 일은 없겠지만, 태어난 뒤로 발달하는 네 개의 뇌는 처음부터 잘 정비되어 작용하지 않아서 적절한 환경 속에서 적절한 자극을 주어야 합니다. 그래야 하나씩 만들어지지요. 부모라면 이 점을 잘 알아두면 좋겠습니다.

주의할 점은 네 개의 뇌가 제각각 다르다는 것입니다. 개별적인 방법을 설명하기에 앞서 전두엽전영역에 있는 네 개의 뇌와 그 뇌를 관장하는 세 개의 뇌 속 물질의 관계를 한 번 더 복습해 봅시다.

여자아이의
공감 뇌, 집중 뇌

성장기 여자아이는 커뮤니케이션 능력과 기분을 안정시키는 공감 뇌가 가장 발달합니다. 공감 뇌에는 세로토닌이 영향을 미치지요.

감정 기복이 심하고 말이나 행동이 날카롭고, 친구 관계가 잘 안 풀리는 듯하다는 걱정이 들면 공감 뇌에 주목합니다. 공감 뇌를 조금씩 단련하면 여자아이가 본래 지닌 안정감이나 포근한 평온함을 갖출 수 있고, 분위기를 파악하는 능력도 익힐 수 있습니다.

세로토닌은 전환 뇌에도 작용하지요. 전환 뇌는 상황에 맞춰 기분을 유연하게 바꿔 주는 뇌입니다. 융통성이 부족해서 문제가 끊이지 않고, 마음에 들지 않는 일이 생기면 금방 부루퉁해져서 울어 버리곤 합니다. 이렇게 곤란할 때는 전환 뇌를 활성화하는 것이 좋습니다.

여자아이의 뇌

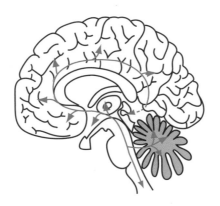

노르아드레날린이 뇌에 분비되는 경로

 장래를 꿈꾸며 성장해야 하므로 의욕을 자극하는 의욕 뇌도 중요하지요. 도파민의 자극을 받아 의욕 뇌가 활성화되면 목표나 꿈을 품고 앞으로 나아갈 수 있습니다.

 "아무래도 좋아", "지겨워"라며 좀처럼 의욕을 보이지 않는 아이에게 살짝 활력을 주어 긍정적인 정신을 갖추게 하고 싶을 때면 의욕 뇌를 활성화합니다. 요령 좋게 척척 움직이는 아이로 키우려면 집중 뇌를 활성화하고요.

 집중 뇌에는 스트레스를 받으면 노르아드레날린이 활성화됩니다. 이해가 빠르고 학교 공부를 잘 해내는 아이는 노르아드레날린이 항상 활발하게 작용한다고 보면 됩니다.

아이의 마음을 움직이는
세 개의 물질

세 개의 뇌 속 물질은 호르몬이나 일상생활 속에서 받는 자극에 따라 분비됩니다. 뇌 속 물질의 활성법은 앞으로 설명할 텐데, 간략하게 정리하면 다음과 같습니다.

· 세로토닌 - 햇빛, 운동, 어울림(스킨십)

· 도파민 - 보수(칭찬이나 성취감)

· 노르아드레날린 - 적절한 스트레스

여자아이의 마음을 풍부하게 키우는 생활 습관은 곧 이 세 가지 뇌 속 물질을 적절하게 자극하는 것입니다. 약을 쓸 필요도 없고 문제집을 풀 필요도 없지요. 전혀 특별한 일이 아닙니다. 바로 오늘부터 시작할 수 있는 일입니다. 그럼, 생활 속에서 어떻게 실천하면 좋을까요? 구체적으로 소개하겠습니다.

칭찬하며
의욕 뇌를 키운다

———

    뚜렷한 의지를 품게 하고 의욕을 끌어내려면 도파민을 활성화해 의욕 뇌를 단련해야 합니다.

    앞서 도파민을 활성화하는 것은 '보수'라고 했습니다. 보수라고 하면 금전적인 물질을 상상하기 쉽지만, 좀 더 넓은 의미로 목표를 달성했을 때나 그 과정에서 얻을 수 있는 것입니다.

    아이에게는 무엇이 보수가 될까요? 다름 아닌 성과와 보상입니다. 열심히 한 결과 좋은 성적을 받고 상을 받았다면 곧 보수가 됩니다. 뭔가 해냈을 때의 성취감이나 만족감도 보수입니다. 엄마의 미소나 커다란 동그라미, 칭찬, 고맙다는 말 한마디, 격려, 용돈, 선물 등도 전부 보수라고 할 수 있지요.

아이의 의욕은 보수를 얻고 싶다고 생각하면 샘솟습니다. 보수를 얻으면 뇌가 '쾌감'을 느끼고 그것이 곧 자극이 되어 도파민 활성화가 이루어지거든요.

1세쯤 되면 아이는 일어나 아장아장 걸으려고 합니다. "아이고, 잘하네, 기특하네!" 하고 손뼉을 쳐주면 기뻐서 더 많이 걸으려고 합니다.

엄마가 기뻐하며 웃으면 아이에게는 보수가 되고 의욕이 원동력이 됩니다. 엄마나 아빠가 기뻐하는 모습을 보고 아이도 기뻐지고, 아이의 뇌 속 도파민이 분비되어 '걸어야지!' 하는 의욕이 생깁니다.

칭찬은
도파민을 부른다

칭찬은 도파민을 활성화하는 가장 쉽고 효과적인 자극입니다. 아이는 칭찬이라는 보수를 얻어야만 비로소 도파민이 분비되고 다음 목표와 의욕이 생겨납니다. 특히 여자아이는 세로토닌 작용으로 공감을 요구하므로 성과나 결과가 전부라고 구분을 짓는 가치관보다 열심히 하는 모습이나 노력을 주시하고 칭찬해 주기를 바라는 경향이 강합니다. 그것이 곧 성장 자극이 되지요.

육아·교육 전문가가 말하는 '칭찬하며 키우는' 교육 방법은 뇌과학적으로도 전적으로 옳은 방법이라 할 수 있습니다.

그러나 과거의 교육법은 정반대였습니다. "그러면 안 되지!" 하고 혼내서 아이에게 압박을 주어 공부하게끔 유도했습니다. 좋은 방법이 아니었지요. 엄마는 조금만 더 욕심을 내서 노력하길 바라는 마음으로 하는 잔소리를 했겠지요. 그러나 아무리 잔소리해도 아이의 뇌에 '쾌감'이 생기지 않는 한 도파민 활성화가 일어나지 않으니 이렇다 할 성과를 기대할 수 없습니다.

심지어 지루하게 설교를 늘어놓는다면 뇌는 전혀 반응하지 않을 테고, 뇌과학적으로 봐도 의욕이 생길 리 없습니다. 이런 것을 보고 '백해무익하다'고 하지요.

지금까지 70점을 맞았던 시험에서 80점을 맞아 왔다면, 똑같은 80점을 평가하면서 "겨우 10점을 올렸니?"라고 떨떠름

한 표정을 지을 때와 "10점이나 오르다니!"라고 칭찬할 때 아이가 보이는 의욕이 전혀 달라집니다.

엄마도 공들여 만든 요리를 트집만 잡으면 요리할 의욕이고 뭐고 사라지지요? "맛있다"는 말 한마디를 들으면 그것만으로도 행복해지고, 더 맛있는 요리를 하려고 노력하게 되어 실력도 점점 더 좋아지지 않나요?

칭찬받음으로써 도파민 활성화가 이루어지고 '쾌감'의 감각을 느껴 엄마 내면에서 의욕이 생긴 것입니다. 이 역시 도파민 원리지요.

아이가 목적을 달성하면 뇌에서 도파민이 나와 기쁨을 느낍니다. 그러면 새롭게 다음 목표를 세우고, 다시 이루기 위해서 노력합니다. 이런 긍정적인 순환이 시작되면 아이는 스스로 성장하려 하기에 부모가 굳이 끼어들지 않아도 성장합니다. 좋은 순환은 칭찬으로 이뤄집니다.

의욕을 불러일으키는
갈망 스트레스

—

아이의 도파민을 높이려면 칭찬하며 키우는 것 이외에 중요한 사항이 한 가지 더 있습니다. 바로, 아이 스스로 목표를 설정하게 하는 것입니다.

부모가 시켜서 하는지 아닌지에 따라 똑같이 목표를 위해 노력하더라도 그 의미가 전혀 달라집니다. 의욕 뇌를 자극하며 노력할 때와 남에게 떠밀려 재촉당하며 부정적인 기분으로 노력할 때는 쓰이는 뇌가 다릅니다.

아이가 좋아하지도 않는 수학 문제집 한 권을 다 풀겠다는 목표를 세웠다고 해 봅시다. 수학 문제집을 앞에 두고 처음에는 조금 싫은 기분이 들겠지만, '이걸 다 풀면 엄마가 깜짝 놀라겠지? 좋았어, 열심히 하자!' 하고 아이 스스로 의욕을 느낍니다.

여기서 조금 싫다고 느낀 기분이 '갈망 스트레스'라는 특별한 스트레스로 바뀌게 됩니다. 그리고 도파민을 자극하고 의욕 뇌를 활성화하지요. 아이의 의욕에 불이 붙은 상태지요. 갈망 스트레스는 의욕을 올려주는 추진력이 됩니다.

한편, 엄마가 하라고 해서 억지로 문제집을 풀기 시작했을 때는 아이에게 노르아드레날린 분비가 왕성해집니다. 하기 싫은 마음에 부정적인 스트레스가 작용한 것이지요.

불안이 앞서 뇌가 긴장 상태에 빠집니다. 같은 문제집을 푸는데 받는 스트레스의 질에 따라 '의욕적 뇌'와 '긴장한 뇌'로 뇌의 상태가 달라집니다. 그러면 당연히 성과에 차이가 생깁니다.

'스스로 선택하기'의
중요성

부모가 목표를 설정해 주면, 좋은 결과를 내지 못했을 때 아이가 결과를 잘 받아들이지 못하는 문제도 생깁니다.

대학 입시를 생각해 보겠습니다. 부모님이 지망 학교를 정하고 부모가 주도해서 수험생 생활을 했다고 해 봅시다. 안타깝게도 지망 학교에 합격하지 못했을 때, 아이는 뭐라고 말할까요?

"나는 서울에 있는 A 학교가 아니라 내 적성에 맞는 전공이 있는 B 학교에 가고 싶었는데 엄마가 A 학교에 가라고 하니까…."

이렇게 엄마 탓을 해서 결과에 실망할 뿐만 아니라 부모와 관계도 어색해질 가능성이 있습니다. 아이 자신의 목표가 아니라 부모의 목표이기에 생기는 문제지요.

이렇게 되면 도파민 원리가 무너진 것이나 마찬가지입니다. '목표를 향해 도전하고, 달성하고, 도파민을 활성하고, 새로운 목표에 도전한다'라는 성장 순환을 확립하는 데 실패했습니다.

아이 스스로 목표를 설정하게 두면 말도 안 되게 높은 목표를 설정하거나, 반대로 너무 현실적이어서 조금은 기개나 포부를 보여 줬으면 하는 목표를 세울지도 모릅니다. 그럴 때 성장으로 이어지도록 궤도 수정해 주는 것이 부모의 역할인데, 억지로 부모의 의향에 따르게 하면 이후 문제가 발생할 수도 있습니다.

칭찬하는 교육을 실천할 것, 그리고 목표를 스스로 정하도록 도와 남이 시켜서 하는 감각을 없애는 것. 이 두 가지를 잘 확립할 수 있다면 자신의 꿈을 찾으려는 의욕적인 여자아이로 자랄 것입니다.

햇빛을 쐬며
세로토닌을 만든다

—

커뮤니케이션 능력과 안정적인 마음을 관장하는 공감 뇌와 '폭발하기'를 억제하는 전환 뇌는 특히 요즘 아이들이 잘 발달시키면 좋은 뇌입니다.

지금까지 설명했듯이 남자아이와 비교해 여자아이는 세로토닌이 풍부해서 공감 뇌나 전환 뇌의 기능이 뛰어난 구조를 보입니다. 남녀 모두 생활 습관이나 환경 변화로 뇌는 계속 달라지니까요.

여자아이의 뇌를 유지하고 더욱 발달시키려면 세로토닌을 활성화해 두 가지 뇌를 충실하게 발달시켜야 하는데, 이때 세 가지 요소를 지키면 좋습니다. 바로, '일찍 일어나고', '나가서 놀고', '스킨십을 하는 것'입니다.

'뭐야, 너무 시시하잖아'라고 생각하시나요? 네, 정말 그렇게 시시한 일을 하면 아이의 '세로토닌 힘'이 무럭무럭 자라납니다.

햇빛은 기분을
안정시킨다

먼저 '일찍 일어나기'부터 설명하겠습니다. 아이가 건강하게 성장하려면 '일찍 자고 일찍 일어나고 아침밥 먹기'가 중요하다고 합니다. 규칙적인 생활 습관을 잘 지켜야만 몸도 마음도 건전하게 발달함은 당연한 소리입니다. 세로토닌 활성화에도 일찍 일어나는 일은 아주 중요하지요. 왜냐하면 세로토닌은 햇빛을 받으면 활성화되기 때문입니다.

아침에 일어나 푸른 하늘을 보면, 왠지 모르게 좋은 일이 생길 듯 기분이 가벼워집니다. 반대로 흐린 날에는 기분도 좀 우울해집니다. 이렇게 되는 한 가지 요인은, 햇빛이 적어서 세로토닌 분비가 줄어드는 탓입니다.

일조시간이 짧은 겨울이면 '겨울철 계절성 우울증'이라고 해서 기분이 축 가라앉는 사람이 있을 정도로 햇빛과 세로토닌은 연관이 깊습니다. 온몸으로 받은 햇빛이 내면에까지 작용한다니 좀 신기하지요?

햇빛이 어떤 원리로 뇌에 도달하는가 하면, 그 입구는 '눈 망막'입니다. 우리 망막에 2,000~3,000룩스의 햇빛이 도달하면, 뇌간 세로토닌 신경이 직접 자극받아 세로토닌이 분비됩니다. 아침에 조금 일찍 일어나 커튼을 젖히고 방에 해님의 빛을 한껏 들이면 그날 하루 세로토닌이 왕성하게 활성화됩니다.

그렇다면 '방에서 밝은 조명을 쐬면 된다'라고 생각할 수 있는데, 태양광의 밝음은 조명과 수준이 전혀 다르기 때문에 틀린 말입니다.

밤중에 조명을 켠 거실의 밝음은 300~500룩스 정도인데, 태양광은 흐린 날이나 맑은 날 응달에서도 1만 룩스나 됩니다. 화창한 날의 직사광선이라면 10만 룩스입니다. 어지간히

아침에 일어나 햇빛을 받으면 세로토닌이 풍부하게 분비된다

강력한 조명이 아닌 한 태양을 대신하지 못하지요.

그러니 아침에 조금 일찍 일어나 아이 방의 커튼을 젖히고 햇빛을 방 안으로 가득 들여 보냅시다. 그렇게만 해도 효과가 아주 좋습니다. 시간에 여유가 있는 날은 아이와 15~30분 정도 산책하거나 가벼운 체조를 하는 습관을 들여 햇빛의 기운을 가득 받으면 아주 좋습니다.

하루를 시작하며 햇빛을 받아 세로토닌을 활성화하면 그날 하루 활동에 좋은 효과가 있을 테니까요. 아이 기분도 상쾌해져서 공부도 잘될 것입니다.

최대한
바깥에서 놀게 하라

밖에 나가서 하는 체조나 산책은 세로토닌을 활성화시키는 '리듬 운동'입니다. 리듬 운동이라고 하면 음악에 맞춰 춤추는 모습을 상상하기 쉬운데, 특별하게 움직일 필요는 전혀 없습니다.

갓난아기가 엉금엉금 기는 것, 걷기, 달리기, 자전거 타기, 수영하기, 누구나 일상적이고 보편적으로 하는 활동이 세로토닌을 활성화합니다.

초등학생이라면 활발하게 달리다가 헉헉 숨을 몰아쉬고, 즐겁게 노래를 부르고, 리코더 같은 악기를 연주하는 것도 모두 다 리듬 활동입니다.

또 의외로 음식물을 꼭꼭 씹는 것도 리듬 운동입니다. 밥을 먹는 일은 물론이고 무심히 껌을 씹는 일도 세로토닌 활동으로 이어집니다. 운동선수는 경기 중에 껌을 씹으며 기분을 진정시키는데, 그것 역시 세로토닌의 작용입니다.

너무 간단한 방법이라 맥이 빠질지도 모르겠습니다. 그래도 전부 연구가 뒷받침하는 사실입니다.

태양 아래를 달리기만 해도 정말로 아이들이 달라질까요? 우리 연구실이 과학 연구비를 지원받아 이를 조사한 결과가 있습니다. 전국 약 180개의 유치원에서 실시한 '체육 로테이션'이라는 프로그램에서, 3~6세 유치원 아동을 아침에 30분 동안 자유롭게 달리게 하고 결과를 분석했지요.

그러자 아이들의 얼굴이 달라져서 표정이 생생해지고, 유치원을 쉬는 아이들이 적어지고, 아이들끼리 싸우는 일도 줄어들고, 친구를 배려하는 행동을 보이는 등 다양한 변화 사례

여자아이의 뇌

가 있었습니다. 아침 30분 동안 햇빛을 받으며 달리는 단순한 활동으로 세로토닌이 분비되어 감정이 균형 잡힘을 검증했지요.

아이가 건강해지려면 최대한 밖에 나가서 노는 것이 좋습니다. 고등학생쯤 되면 밖에서 뛰어놀 기회가 줄어드니, 초등학생 때에는 최소한 체육 시간 이외의 운동 관련 동아리 활동을 하거나 하교하고 최대한 밖에서 활동하거나 놀게 하면 좋습니다.

날이 화창하면 세로토닌이 풍부하게 분비되어 감정이 안정되고, 싫은 일이 생겨도 바로 대처할 수 있는 살아가는 힘이 생길 테니까요.

스킨십은
잊지 말 것

—

세로토닌을 활성화하는 세 번째 요소는 '스킨십'입니다. 바로, 접촉이지요. 스킨십은 뇌에 영양분이 되고 치유하는 효과가 뛰어납니다. 엄마들은 아이를 키우며 이미 효과를 경험하지 않았나요?

아이가 아직 어릴 때, 단풍 같은 손을 가만히 쥐기만 해도 마음이 편안해진 때가 있었지요? 잠든 아이의 얼굴을 들여다보며 육아 피로를 잊고 마음이 포근해지기도 했을 것입니다. 아이들을 두고 천사라고 하는데, 내 자식은 정말 말 그대로

여자아이의 뇌

천사 같지요.

엄마의 기분이 이렇게 부드러워지는 이유는 아이와의 스킨십으로 뇌에서 세로토닌이 분비되었기 때문입니다.

토닥토닥 스킨십의
치유 효과

스킨십의 치유 효과로 스트레스가 줄어드는 것은 꼭 인간에게서만 벌어지는 현상이 아닙니다. 원숭이에게서도 비슷한 스킨십 행동을 볼 수 있습니다.

원숭이는 집단을 이루어 사회생활을 합니다. 그들 사회에도 우리 인간사회와 똑같이 수직관계와 수평관계가 있습니다. 그렇기에 원숭이도 나름대로 스트레스를 받지요.

원숭이의 '털 고르기'는 스킨십을 통해 집단생활에서 생기는 스트레스를 완화하는 데 그러한 목적이 있다고 볼 수 있습니다. 털 고르기를 인간사회로 치환하면 장난치며 서로 어울리는 것입니다. 하는 쪽에게도 받는 쪽에게도 치유 효과가 있는 세로토닌 행위입니다.

접촉하는 환경이 많을수록 아이의 안정감과 협조성이 자라 납니다. 다만 아무렇게나 만지는 것이 아니라 요령이 있습니다. 무턱대고 더듬더듬 쓰다듬으면 경계할 테니 오히려 역효과입니다. 토닥토닥 리드미컬하게 두드리고 바로 손을 떼는 방식으로 접촉하세요.

아이를 재울 때, 토닥토닥 가볍게 두드려 주잖아요? 그렇게 하면 됩니다. 저는 이걸 '태핑 스킨십'이라고 부릅니다. 신기하게도 아이에게 이렇게 하면 경계심이나 불쾌한 감정이 들지 않고, 기분도 좋아져서 안도감이 생깁니다.

그럴 때 얼굴과 얼굴이 마주 보는 형태라면 스킨십 효과가 더욱 커집니다. 마주 보고 가볍게 닿기만 해도 안심하게 됩니다.

스킨십에
늦은 때란 없다

스킨십이 중요하다는 사실을 알지만 우리 아이는 벌써 사춘기에 접어들었으니 이미 늦었다고 걱정인 부모도 있을 것입니다. 괜찮습니다! 걱정하지 마세요. 스킨십에 너무 늦은

여자아이의 뇌

시기란 없으니까요.

부모와 자식의 접촉뿐만 아니라 형제자매나 친구들과의 접촉, 팀 구성원과의 접촉, 반려동물과의 접촉도 좋습니다. 그때그때 나이에 맞춰서, 또 처한 상황에 따라 접촉하는 상대나 형태가 달라져도 세로토닌은 똑같이 활성화합니다.

아이와 지금까지 스킨십이 부족해서 후회된다면, 아이의 어리광을 다시 받아주는 기분으로 접촉하는 기회를 조금 늘려보세요.

아침에 아이가 학교에 갈 때 현관에서 "잘 다녀오렴"이라고 말하며 어깨를 가볍게 만져 줍니다. 그 정도면 충분합니다. 아이가 풀이 죽어서 집에 돌아오면 "무슨 일이 있었니?" 하고 걱정스럽게 캐묻지 말고 묵묵히 등을 쓰다듬어 주세요.

그랬을 때 어쩌면 '그냥 좀 내버려 둬!'라는 표정으로 쳐다볼지도 몰라요. 표정은 그렇더라도 접촉에서 생긴 자극과 엄마의 기분은 아이의 뇌에 똑똑히 전달됩니다. 그러면 솔직하게 마음을 열고 무슨 일이 있었는지 두런두런 말해 줄지도 몰라요.

같은 공간에만
있어도 된다

직접적인 접촉 없이 같은 방, 같은 시간을 공유하기만 해도 세로토닌이 활성화합니다. 또 전화 통화도 효과가 있어요. 엄마들도 친구들과 어울려 두서없이 수다를 떨거나, 직접 만나진 못해도 전화 통화를 하면 기분이 밝아지지요?

용건은 대충 2~3분 안에 끝내고 나머지는 세상 돌아가는 이야기를 나누느라 통화가 길어집니다. 남자들 눈에는 시간 낭비처럼 보이는데, 공감을 추구하는 여성에게는 기분을 안정시키기 위한 스킨십 시간입니다. 그 증거로 통화를 마치면 왠지 모르게 마음이 둥실둥실해질 테니까요.

이렇게 시간이나 공간을 공유해 사이좋게 어울리는 것도 스킨십의 일종입니다.

가정에서 해야 할 스킨십은 누가 뭐래도 '가족끼리 단란한 시간'입니다. 가족이 모여 함께 지내는 한때는 굉장히 중요한 시간입니다. 가족이 거실에 모여 차를 마시며 편안한 기분으로 가볍게 대화를 나누는 것은 최고의 스킨십이자 '힐링 시간'입니다.

여자아이의 뇌

여자아이를 키운다면, 딸과 함께 '주말 특식 카레 만들기' 같은 요리를 해 보면 어떨까요? 엄마가 만드는 방법을 알려 주고 딸이 아이디어를 내서 새로운 카레에 도전하는 일도 재미있을 것입니다. 요리하면서 아이가 학교에서 있었던 일이나 좋아하는 친구 이야기 등 두서없는 대화를 이어 보세요. 그야말로 최고의 스킨십이 됩니다.

적당한 스트레스가
필요한 집중 뇌

—

　공부와 직결되는 뇌인 집중 뇌를 키우는 일에 엄마들의 관심이 클 테지요.

　집중 뇌는 이성적이고 인간다운 생활을 관리합니다. 아이가 학교 수업을 들으며 선생님 설명에 귀를 기울이거나 수학 문제를 풀고 국어 시간에 교과서 읽기를 할 때도 집중 뇌가 쓰이지요. 집중 뇌에 작용하는 호르몬은 노르아드레날린입니다.

야무진 아이로
키우는 법

노르아드레날린은 적절한 스트레스와 압박을 받으면 분비됩니다. 하루의 시작을 떠올려 보세요. 아침에 아이가 스스로 알아서 일어나나요? 아니면 일어날 시간이 되어 엄마가 깨우나요? 아이를 학교에 보낼 때까지는 어느 가정이나 시간과 싸움을 합니다. 긴장의 연속이지요.

"빨리 일어나서 세수하고 얼른 밥 먹어야지."
"빨리 옷 갈아입어. 혹시 빠트리는 물건은 없어?"

빨리하라고 재촉하며 지각하지 않게 시간을 신경 쓰는 사람은 아이가 아니라 엄마입니다. 하나부터 열까지 다 해 주면 엄마의 뇌에 스트레스가 쌓여 집중 뇌가 활성화하지요. 생각해 보세요. 아이를 학교에 보낼 때까지 부지런히 움직여서 머릿속이 시원해지는 경험을 해 보지 않았나요?

시간이 부족할 때일수록 집중력이 높아져서 일이 더 잘 되는 상황도 우리는 자주 경험합니다. 오후에 손님이 오니까 오전 중에 청소를 마쳐야겠다고 계획했는데, 자신도 모르게 깜빡 쉬었다고 해 볼까요? 그래도 손님이 오기 전 얼마 남지 않은 시간에 청소를 후다닥 마치잖아요. 이것도 적절한 스트레스 덕분에 집중 뇌가 작용했기 때문입니다.

아이도 마찬가지입니다. 아침에 학교 갈 준비를 할 때, 아이 스스로 시간을 관리하게 시켜 조금은 스트레스를 주어야 의욕적인 기분이 샘솟고, 머리도 잠에서 깨서 빠릿빠릿하게 움직입니다.

문제집을 풀어야 하는 숙제도 지루하게 풀기보다 며칠까지 몇 쪽을 끝낸다고 계획을 세워 '이대로 열심히 하면 되겠는데?' 하고 생각하는 편이 훨씬 효율적입니다.

반대로 엄마가 뭐든지 다 수발을 들어 해결해 주는 습관이 붙으면 무거운 엉덩이를 들기 싫어지지요.

노부모를 돌볼 때도 뭐든지 다 해 주면 점점 심신의 기능이 떨어집니다. 아이도 같습니다. 적절한 스트레스가 없으면 집중 뇌가 활성화하지 못해 패기도 없고 판단력이나 실행력이 부족한 아이로 자랍니다.

부모는 아이의 성장을 살펴 어디까지 스스로 할 수 있는지 파악하고, 할 수 있는 일은 아이가 스스로 하도록 시키고 가능하면 도우면 안 됩니다. 실패하지 않는 '야무진 아이'가 되

여자아이의 뇌

기를 바라는 마음에 도와주고 싶겠지만 오히려 역효과입니다. 아이를 사랑하는 부모라면 뭐든지 도와주는 것이 아니라, 스스로 하게 해서 자기 일에 집중할 수 있는 아이로 키워야 하지 않을까요?

뇌 발달에 좋은
의외의 생활 소음

'뭐든 다 해주는 부모'라는 관점에서 보면, 아이의 개인 방 문제도 생각해야 합니다. 저는 초등학생 때까지는 따로 방을 주지 않는 편이 좋다고 봅니다.

어려서부터 자기 방이 있어서 부모 눈이 닿지 않은 곳에서 자유롭게 시간을 보내는 환경을 주면, 스마트폰이나 만화책에 푹 빠질 수도 있고 뭔가 문제가 생겼을 때 자기 방으로 도망쳐도 된다고 여기는 '은둔형 외톨이'로 성장할 여지를 줄지도 모르니까요.

공부는 아이 방에서 하는 편이 좋다는 의견도 있을 테지요. 그런데 사실은 주변에 가족의 기척이 있거나 엄마가 부엌에서 일하는 '생활 소음'이 들리는 편이 적절한 스트레스를 느껴 공부에 집중할 수 있습니다. 혼자서 공부하기보다 사람들 있는 도서관에서 공부가 더 잘 되는 법과 같지요.

어떤 잡지에서 명문 대학교 합격자에게 설문 조사를 했더니, 초등학생 때까지는 자기 방 없이 거실에서 공부했다는 답변이 많았다고 합니다. 중학생쯤 되면 자기만의 세계를 구축하기 시작하니까 자기 방이 필요하겠지만, 그전까지는 남는 방이 있어도 혼자 틀어박히게 하지 않습니다. 그래야 뇌의 발달에도 좋은 영향을 줍니다.

균형 잡힌 식사가
좋은 뇌를 만든다

—

　가족의 건강을 지키는 엄마로서 역시 뇌와 식생활의 관계는 궁금한 주제입니다. 아이의 마음을 건강하게 키우는 데 식사가 과연 영향을 미칠까요?

　네, 영향을 미칩니다. 식생활은 어떤 의미에서 엄마가 가장 시도하기 가장 좋은 뇌 활성화 방법입니다.

　그렇다면 딸아이에게 좋은 영향을 미치는 세로토닌은 음식으로 섭취할 수 있을까요? 네, 세로토닌을 식사로 섭취할 수 있습니다. 정확히는 체내에서 합성되지 않는 필수아미노산

중 하나 '트립토판'이 세로토닌의 재료이기에 이를 식사하면서 섭취해야 하지요.

트립토판을 많이 함유한 음식은 두부나 낫토 같은 콩 제품, 우유나 치즈 같은 유제품, 닭고기 같은 육류, 견과류입니다. 그러나 트립토판만 많이 섭취한다고 세로토닌이 늘어나지는 않습니다.

트립토판과 합성되어 세로토닌을 만드는 비타민 B6, 합성을 돕고 뇌 속으로 들여 보내는 역할을 담당하는 탄수화물이 꼭 필요합니다. 즉, 트립토판과 비타민 B6와 탄수화물, 이 세 가지 영양소를 갖춰야만 비로소 세로토닌이 늘어납니다.

비타민 B6가 풍부한 식품으로는 간, 가다랑어나 참치 같은 붉은 생선, 견과류, 바나나입니다. 탄수화물이 풍부한 식품은 누구나 아는 쌀과 빵, 감자, 면 같은 음식입니다. 전부 우리가 일상적으로 먹는 음식이지요.

영양소가 불균형하지
않도록 주의

어느 정도 나이가 되면 여자아이는 다이어트에 흥미를 보

여자아이의 뇌

입니다. 10대 독자를 위한 잡지에서도 다이어트 기사를 쉽게 찾아볼 수 있지요. 그런 기사를 보면 탄수화물 섭취를 줄이는 다이어트 비법이 많이 소개됩니다. 뇌 성장을 고려하면 심각한 문제입니다.

아이가 눈부시도록 성장하는 중요한 시기에 탄수화물 섭취를 줄이는 다이어트를 하면 어떻게 될까요? 탄수화물이 부족하면 세로토닌을 충분히 만들지 못하므로 기분을 관리하는 기능에 노란 신호가 들어옵니다.

또 금방 포도당으로 변하는 탄수화물은 뇌의 에너지원으로도 아주 중요합니다. 뇌의 에너지가 되는 것은 단백질과 지방이 아니라 오로지 포도당뿐입니다. 다른 장기보다도 포도당 소비가 제일 큰 뇌를 제대로 활성화하려면 아침에 밥이나 빵 같은 탄수화물을 반드시 섭취해야 합니다.

다른 사람의 시선을 의식하게 되고, 자기 평가에 예민해지는 사춘기 때 체형에 관심을 두는 일은 자연스럽지만, 성장기에 저탄수화물 다이어트는 좋지 않습니다. 너무 신경 쓰이면 간식으로 먹는 케이크의 열량을 조절하고, 식사할 때는 탄수화물을 잘 섭취하도록 해 주세요.

콩 제품, 유제품, 고기, 생선 등 단백질을 중심으로 균형 잡힌 식사를 하면 세로토닌도 충분히 합성됩니다. '반드시 이걸 먹어야만 뇌가 좋아진다!'라는 특정한 식품은 없으나 세 가지 영양소가 부족해지면 곤란합니다. 당연한 말 같지만 역시나 균형 잡힌 식사를 적당하게 먹는 것이 '뇌 활성화'를 위한 최선의 식사법입니다.

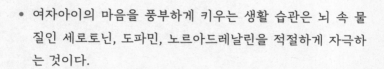

- 여자아이의 마음을 풍부하게 키우는 생활 습관은 뇌 속 물질인 세로토닌, 도파민, 노르아드레날린을 적절하게 자극하는 것이다.

- 아이가 목적을 달성하면 뇌에서 도파민이 나와 기쁨을 느낀다. 그러면 새롭게 다음 목표를 세우고, 다시 이루기 위해서 노력한다. 이때, 칭찬은 좋은 순환을 만든다.

- 목표를 스스로 정하도록 도와서 남이 시켜서 하는 감각을 없애 준다. 스스로 하는 의욕적인 여자아이로 자랄 것이다.

- 세로토닌을 활성화하는 방법은 첫째, 햇빛을 받는 것이다. 우리 망막에 2,000~3,000룩스의 햇빛이 도달하면, 뇌간 세로토닌 신경이 직접 자극받아 세로토닌이 분비된다. 스킨십도 세로토닌을 활성화한다. 스킨십은 뇌에 영양분이 되고 치유하는 효과가 뛰어나다. 균형 잡힌 식사도 중요하다. 체내에서 합성되지 않는 필수 아미노산 중 '트립토판'이 세로토닌의 재료이기에 식사하면서 섭취해야 한다.

5장

행복한
여자아이의 뇌는
이렇게 자란다

행복한 식사가
뇌를 활발하게 한다

—

식생활 관리는 여자아이의 '뇌 육성'에 굉장히 중요합니다. 앞 장에서 세로토닌 활성에 필요한 세 가지 영양소를 설명했습니다만, '무엇을 먹는지'라는 것뿐만 아니라 '어떻게 먹는지'도 아주 중요합니다.

세로토닌 활성화에는 햇빛, 리듬 운동, 스킨십 세 가지가 중요하다고 설명했습니다. 리듬 운동으로는, 걷거나 리드미컬하게 호흡하는 방법 이외에 '저작 운동'도 중요한 역할을 합니다. 꼭꼭 '씹는' 리듬 운동이 세로토닌 활성으로 이어지고, 결과적으로 대뇌 기능이 건전하게 작동해 기분도 안정됩니다.

음식물을 씹는 일은 인간의 기본적인 행동 가운데 하나이니 간단할 것 같지요? 그런데 요즘 아이들은 '씹는 식사'를 잘 못 하는 경향이 있습니다.

많이 씹어야
뇌가 작동한다

과거 전통식은 식이섬유가 풍부한 뿌리채소나 해조류처럼 잘 씹어야 하는 식재료를 많이 썼습니다. 그런데 최근에는 그런 식사를 하지 않는 아이가 늘었지요.

쉽게 먹을 수 있고 부드러운 음식물을 선호하는 경향이 강해졌습니다. 예를 들어, 패스트푸드, 파스타, 달콤한 빵 같은 음식입니다. 채소를 풍부하게 쓴 전통식과 비교해 간편하게 먹을 수 있는 이런 식품은 저작 횟수가 압도적으로 줄어듭니다.

어떤 조사에 따르면, 예전과 비교해 현대인의 저작 횟수가 대폭 감소했다고 합니다. 현재는 1회 식사할 때 평균 600회 정도의 저작 횟수를 보이는데, 종전 전의 식사는 그 두 배였고, 고대까지 거슬러 올라가면 1회 식사에 무려 평균 4,000회를 저작했다고 합니다.

고대 사람들은 햇빛을 받고 리듬 운동을 충분히 하면서 스트레스와는 거리가 먼, 지금보다 훨씬 더 세로토닌적인 생활을 보낸 셈입니다.

매일 혼밥을 하면
뇌가 약해진다

세월이 흘러 식문화도 생활환경도 달라진 현대, 너무 분주한 일상에서 식사에 들이는 시간을 줄이려는 사람이 많아진 듯 보입니다. 하지만 아이의 뇌 성장을 고려하면 이런 시대 흐름은 환영하기 어렵습니다.

또한 혼자서 식사하는 이른바 '혼밥'이 늘어난 것도 걱정스럽지요. 학원에 다니면 어쩔 수 없이 저녁 먹는 시간이 가족과 겹치지 않으니 급하게 햄버거 등으로 해결하거나 집에 와서 혼자 저녁을 먹게 됩니다.

오도카니 혼자 먹을 때보다 다른 사람과 함께 먹을 때 기분 좋은 경험은 누구나 해 보았을 것입니다. 한 식구라면 식구와 얼굴을 마주 보며 밥을 먹고 대화하는 시간을 공유합니다. 이것도 일종의 스킨십입니다. 세로토닌 분비도 촉진됩니다.

학원에 도시락을 싸 가서 먹을 때, 혼자가 아니라 친구와 왁자지껄 떠들면서 먹는다면 세로토닌 분비를 기대할 수 있습니다. 그러나 책상에 앉아 혼자 도시락을 묵묵히 먹거나 집에 와서 혼밥하는 것이 매일 같이 이어진다면, 세로토닌 부족이 걱정됩니다.

초등학교 고학년은 사춘기에 접어들어 마음이 크게 흔들리는 시기이고, 중학교 입시를 치르는 가정이라면 아이의 공부 부담이 더욱 커집니다. 그런 시기에 세로토닌이 부족해지면 공감 뇌 작용이 둔해져서 결과적으로 안정적인 마음을 유지하기 어렵습니다.

하루에 한 번은 가족끼리 얼굴을 보며 함께 식탁에 앉는 시간은 아이에게 정서적 안정감을 줄 것입니다. 저녁이 어렵다면 아침을 '대화 스킨십' 시간으로 삼으면 어떨까요?

그러기 위해서 15분이라도 좋으니 일찍 일어납니다. 아침 햇빛을 집 안에 가득 들이고, 가족 모두 활기차게 아침을 먹는 것이지요. 이때 '씹는 것'을 의식적으로 습관들이기 위해 뿌리채소나 콩 반찬을 준비하면 좋겠습니다.

운동은 하루 5분이라도
꾸준하게

—

공감 뇌와 전환 뇌에 작용하는 세로토닌을 활성화하려면 햇빛과 리듬 운동이 효과적이라고 설명했지요. 다만, 실천할 때 주의해야 할 점이 있습니다.

'과유불급'이라는 말이 있지요. 햇빛을 너무 오래 받거나 운동을 너무 오래 하면 반대로 세로토닌을 분비하는 신경이 약해집니다. 이것을 세로토닌의 '자기 제어 작용'이라고 합니다. 한도치를 넘으면 세로토닌이 아예 나오지 않을 때도 있습니다.

왜 이런 일이 일어날까요? 세로토닌을 분비하는 세로토닌 신경이 너무 장시간으로 자극받으면, 일정 수준 이상으로 신경이 흥분하지 않도록 제동을 걸어 진정시키려 하기 때문입니다.

세로토닌 활성화가 목적인 운동이어도 끝까지 해내고야 말겠다는 스포츠 정신으로 얼굴이 시뻘게질 때까지 운동장을 몇 바퀴나 달리는 방식으로는 효과를 기대할 수 없습니다. 그렇다고 전혀 부담되지 않는 운동을 느릿느릿 이어가도 무의미하지요.

단시간에 집중하는 것이 요령입니다. 체조라면 가볍게 운동하는 느낌으로 딱 15분이 좋습니다. 아침 산책이라면 땀이 맺히는 정도의 속도로 20~30분 정도 하면 좋습니다.

리듬 운동은 5분 동안 하면 세로토닌이 활성화한다고 알려졌습니다. 아무리 길어도 30분이면 충분합니다. 무리하지 말고 오래오래 하는 습관이 중요합니다. 장시간이 아니라 장기간이 중요합니다. 하루 5분이라도 계속해야만 효과로 이어집니다.

매일 아이를 위한
세로토닌 습관

햇빛을 받는 일도 마찬가지입니다. 장시간 빛의 자극을 받으면 자기 제어 기능이 작동해 세로토닌 분비가 멈춥니다. 하루 15~30분을 목표로 햇빛을 받는 것이 좋습니다. 다만, 아무리 햇빛이 중요해도 태양을 눈으로 직접 바라보는 행동은 절대로 하면 안 됩니다. 눈 망막이 다치면 끝장입니다.

아이라면 통학 시간이나 밖에서 노는 시간, 체육 시간 등 어른보다 햇빛을 받을 기회가 많을 것입니다. 그런 시간을 이용하면 따로 일광욕을 의식하지 않아도 합쳐서 30분 정도 태양의 기운을 받는 시간을 확보할 수 있을 것이지요.

세로토닌 활성화는 오늘 할 만큼 하면 내일 곧바로 변화의 징조가 나타나지는 않습니다. 효과가 나올 때까지는 최소한 3개월은 걸린다고 합니다. 빠른 효과를 기대해 햇빛을 받는 시간이나 리듬 운동하는 시간을 늘려도 의미가 없는 수준을 넘어 마이너스 효과를 가져온다고 앞서 이야기했습니다.

처음부터 매일 30분 동안 운동하는 일은 어렵겠지만, 우선 하루 5~10분 동안을 3개월 동안 이어가는 것을 목표로 삼고 시작해 보면 어떨까요?

운동 시간을 너무 정확하게 정해두지 않아도 괜찮습니다. 하루를 마무리하는 시간에 아이에게 그날 무슨 일이 있었는지 물어보세요. 햇빛을 받는 시간이 5~10분 정도 있었고 리듬 운동을 뭐든 하나라도 했다면 그날은 잘한 하루입니다. 그렇게 3개월을 이어간다면 대성공이지요! 이런 마음가짐으로 부담감 없이 시작해 보세요. 3개월 뒤에는 분명 아이에게 변화가 보일 테니까요.

솔직하게 진심을 다하는
부모의 노력

—

아이가 사춘기가 되면 부모에게 육아는 고비와 같은 시간
입니다. 설명했듯이 사춘기에는 뇌가 아이에서 어른으로 대
전환기를 맞이합니다. 그때까지는 "엄마 엄마" 하며 절대적
으로 믿고, 말도 얌전히 잘 듣던 아이도 부모에게서 독립을
시작합니다.

부모도 당연히 뇌를 전환해야 하지요. 그저 사랑스럽기만
했던 아이 시절에 미련이 남아서 아이를 고정된 시각으로만
대하다 보니 잘 처신하지 못하기도 합니다.

일생 중 가장 민감하게 공감 뇌가 작동하면서 어른이 되려는 아이와 여전히 아이 취급을 하려는 부모가 마주하게 되는 시기입니다. 그런 차이 때문에 부모와 자식 사이에 그때까지 경험하지 못한 미묘한 분위기가 흐를 때, 부모는 어떻게 하면 좋을까요?

제 대답은 '아이를 진심으로 대할 것'입니다. 이보다 더 나은 방법은 없습니다. 아이들은 자신을 아이 취급하지 않고 같은 눈높이에 서서 진심을 담아 하는 행동을 압니다. 그리고 그것을 존경하지요.

진심은 아이와의
관계를 바꾼다

부모가 '진심'을 보이면 아이는 부모를 조건 없이 믿습니다. 존경하는 마음을 품기도 하지요. 그러나 형식적으로 말을 걸고 대하면 아이는 부모의 진심을 느끼지 못합니다. 사춘기쯤 되면 말의 표면적인 의미와 사람 속내가 다름을 잘 알고 있기 때문입니다.

사춘기의 어려운 상황을 잘 극복하는지 아니면 못 하는지는 부모와 자식의 소통 능력에 달렸습니다. 그래도 대처법은 아주 간단합니다. 부모는 거짓 없는 말을 하며 아이를 진심으로 대합니다. 곤란할 때는 곤란하다고, 괴로울 때는 괴롭다고 아이에게 솔직히 말해도 됩니다.

어렸을 때야 '아빠랑 엄마는 뭐든지 잘하고, 아빠랑 엄마가 하는 말은 다 옳고, 나를 영원히 지켜줄 거야'라고 믿을지 모르나 이미 아이는 부모가 슈퍼맨이 아님을 알고 있습니다.

아이 앞에서 좋은 면을 보여 주고 분별 있게 행동하는 모습을 보여 줘도 진심은 다른 데 있다면 사춘기 아이는 '부모의 거짓말'을 꿰뚫어 봅니다. 특히 여자아이는 공감 뇌의 작용이 뛰어나므로 예민하게 알아차리지요. 겉과 속이 다른 부모를 보며 아이는 불결하다고 느끼고 혐오할 수 있습니다.

'진심은 따로 있잖아', '겉과 속이 다르네'라고 생각하면 아이는 부모의 말에 귀를 기울이지 않습니다. 그러면 부모와 자식의 관계를 원만하게 회복하는 것 자체가 어려워집니다.

부모는 아이에게 가장 가까이에 존재하는 '사회의 거울'입니다. 아이가 아무리 건방진 소리를 해도 아직은 세상을 잘 모르지요. 부모로서 가르쳐 줄 것은 셀 수 없이 많습니다. 그러니 때로는 인간관계나 일 때문에 고민하는 부모의 모습을 솔직히 보여 줘서 이 사회가 그렇게 녹록하지 않음을 알려 주세요. 역경을 극복할 수 있는 다부진 마음을 가르쳐 주는 일도 부모가 맡은 중요한 역할입니다.

부모의 뜻밖의 측면을 본 아이는 다소 충격을 받겠지만, 중학생쯤 되면 그러한 것도 받아들일 내면의 그릇을 키우게 될 것입니다.

옥시토신이 넘치는
환경을 만들어 준다

—

뇌과학적으로 어른이 된다는 말은 어떤 뜻일까요? 간단하게 표현하기는 매우 어려운데, 오해를 무릅쓰고 굳이 해 본다면 이렇게 말할 수 있습니다.

'뇌 기능적으로 고도한 윤리 기능을 발달시키고, 그 이상으로 상황에 좌우되지 않는 안정적인 마음을 지니는 것.'

실제 사회를 떠올리며 생각해 봅시다. 사회에 나가면 원하는 대로 풀리지 않는 일이 오히려 많으니까 불쾌한 경험도 하고 화도 날 텐데, 그때마다 우울해하거나 예민하게 반응하면 사회인으로서 살아가기 어렵습니다.

건강한 아이가
되도록 돕는 일

어른의 세계로 들어가는 입구에 선 사춘기 여자아이라면, 지금부터 세로토닌을 활성화하는 생활 습관을 익히게 해 안정적인 기분을 유지하게 해 주면 좋다고 설명했습니다.

그러려면 엄마와 아빠의 적극적인 도움이 필요한데, 또 한 가지 '부모 본인의 행복도' 역시 여자아이다운 발달에 영향을 미친다는 점을 추가로 설명하고 싶습니다.

이때, 중요한 역할을 담당하는 호르몬이 '옥시토신'입니다. 이는 여성과 연관이 깊은 호르몬으로 익히 알려졌지요.

옥시토신은 일명 '애정 호르몬'으로 여성스러움을 이끌어 내는 데 필요한 호르몬입니다. 옥시토신 호르몬은 출산할 때 자궁을 수축시키는 작용을 하고 모유가 나오도록 촉진하는 일을 합니다.

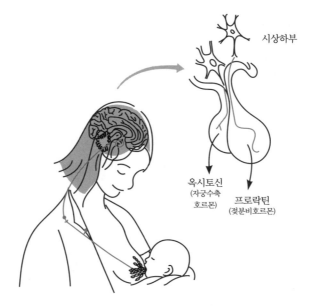

시상하부

옥시토신
(자궁수축
호르몬)

프로락틴
(젖분비호르몬)

옥시토신이 뇌에서 나와 아이에게 전달되는 과정

출산을 경험한 엄마라면 옥시토신이 어떤 역할을 하는지 알겠지요. 그런데 최근 연구에서 남성도 옥시토신을 분비한다는 사실이 밝혀졌습니다.

출산이나 수유를 경험하지 않는 남성에게 왜 옥시토신이 분비될까요? 그 이유는 세로토닌이 활성화하는 원리에 있습니다. 옥시토신은 아기와는 무관계하게 전혀 다른 역할도 담당하거든요.

여자아이의 뇌

세로토닌을 활성화하는 3대 요소 중 하나로 스킨십이 있다고 설명했습니다. 이 스킨십이라는 행위와 세로토닌 분비라는 현상 사이에 옥시토신이 개입한다는 사실을 알아냈습니다.

즉, 스킨십을 하면 먼저 옥시토신이 분비되고 그 옥시토신이 세로토닌 신경에 전달되면서 세로토닌이 활성화합니다. 세로토닌을 활성화하려면 연결 역할을 담당한 옥시토신도 많이 필요하지요. 이 옥시토신을 활성화하는 것은 바로 '애정'과 '신뢰'입니다.

좋은 부부 관계는
아이를 행복하게 한다

옥시토신이 제일 왕성하게 분비될 때는 남녀 사이에 사랑이 통할 때, 또 상대방을 신뢰할 때입니다. 이는 뇌과학적으로 실험해서 확인한 사실입니다. 옥시토신이 나오면 편안하고 따뜻한 행복감에 감싸고, 타인과의 관계에 신뢰감이 생기는 상태가 됩니다.

부부가 든든한 유대감으로 묶여 엄마와 아빠에게서 애정과

부부의 신뢰감이 아이의 뇌를 안심하게 한다

신뢰의 호르몬 옥시토신이 넉넉하게 분비되면, 가족에게 쏟는 애정도 더욱 깊어지고 스킨십도 어렵지 않고 자연스럽게 하게 됩니다. 그러면 결과적으로 아이의 뇌에 감정을 안정시키는 세로토닌 활성화가 이루어진다는 이론입니다.

여자아이가 까다로운 나이대가 되면 엄마의 관심은 자연스럽게 아이에게 집중되어 아빠 혼자 고립되는 상황이 되기 쉽지요. 그러나 부모 사이가 원만하고 따스하고 행복한 가정이라면, 가족 모두의 세로토닌이 활성화합니다.

지금도 여전히 엄마만 육아를 맡는 집도 종종 있는데, 혼자 끙끙 고민하면서 고군분투하기보다 부부가 서로 상담하며 육아에 참여해야 좋은 결과가 나옵니다. 이것은 육아나 교육 분야에서 예전부터 주장해 왔는데, 뇌 호르몬 분비 관점에서 봐도 옳습니다.

집에서부터 키우는
공감 뇌

—

    네 가지 뇌 발달이 학교 교육과 어떤 식으로 연관을 맺는지 엄마들의 관심이 아주 높을 텐데, 한번 정리해 보겠습니다.

    학교 공부를 할 때 쓰는 뇌는 의욕 뇌와 집중 뇌입니다. 수학 시험에서 100점을 받고 싶은 아이를 자극하는 것은 도파민이 관여하는 의욕 뇌입니다.

    수업 시간에 선생님 설명을 듣고, 문제를 풀려고 최선을 다해 손을 움직일 때 작용하는 뇌는 집중 뇌입니다.

                        여자아이의 뇌

집중 뇌 이외에
키워야 할 것

일본 초등학교, 중학교에서 이루어지는 교육은 전형적인 '점수화 교육'입니다. 지식 편중인 점수화 교육은 시험 위주, 주입식 교육에서 벗어나지 못한 교육 환경이지요. 한국도 초등학교에는 시험이 없고, 점수와 등수가 없지만 여전히 입시 때문에 점수 위주의 공부를 한다고 알고 있습니다.

이와 같은 점수화 교육은 정답 있는 학습이어서 정답을 많이 맞혀 득점하면 되는 단순한 교육법입니다. 고득점이라는 목표를 향해 "좋았어, 100점을 받을래!" 하고 아이들은 도파민을 활성화하지요. 이때 의욕 뇌가 쓰입니다.

좋은 점수를 받으면 칭찬이 따라오고 그 결과 우월감을 느끼지요. 보상까지 받으면 기분이 정말 좋습니다. 이렇게 보수를 얻은 아이는 '쾌감'을 얻습니다.

다만, 그 쾌감은 오래가지 않으므로 다음 목표를 설정해야 합니다. 목표를 이루면 또 다음 목표, 또 다음 목표라는 식으로, 학습을 위한 도파민 원리를 잘 작동시켜 조금이라도 높은 점수를 얻으려고 하지요.

그러면 가르치는 쪽은 숙제를 내주고 짧은 시간에 올바른 답을 도출할 수 있게 지도하는 효율 중심의 교육을 하기 쉽습니다. 그럴 때 압박을 받은 아이의 뇌는 스트레스를 느껴 노르아드레날린을 분비하고, 집중 뇌가 우위에 선 상태가 되려고 하지요. 한마디로 이러한 교육 환경은 집중 뇌를 단련하는 것에 주안점을 둡니다.

그렇다면 공감 뇌는 어떨까요? 10세까지 거의 완성되는 중요한 공감 뇌인데, 학교 교육이 과연 얼마나 공감 뇌를 자극해서 키워줄 수 있을지 생각해 보면 조금 불안해집니다.

공감 뇌를 키우는
예체능 과목

국어, 수학, 영어 등과 같은 과목 이외의 체육이나 음악, 미술 같은 과목은 어떨까요? 예체능 과목은 공감 뇌를 키우는 의미에서 아주 좋은 교과 활동입니다. 음악이라면 다 같이 하모니를 이루어 기분이 좋아지는 것 자체가 '공감'입니다. 체육이라면, 축구나 단체 체조처럼 팀을 이루어 경쟁하는 경기에 '공감'이 없으면 안 되지요.

체육이나 음악에는 공감 뇌를 키워주는 중요한 요소가 포함되어 있는데, 현실에서는 노래를 잘 부르는가, 악기를 잘 다루는가를 점수화하는 교육을 진행합니다.

조금 과격한 발언일 수 있는데, 이런 과목은 점수 평가가 불필요하다고 생각합니다. 왜냐하면 무언가를 느끼는 방식이나 기분을 표현하는 방식에는 정답이 없으니까요. 점수를 매기는 일 자체가 애초에 불가능합니다.

어떤 형태로든 평가해야 한다는 교육자의 사정 때문에 풍부한 공감 뇌를 키우는 시기를 크게 망치지 않을까, 굉장히 걱정됩니다.

그래도 학교 교육 현장에서도 공감 뇌를 키우기 위해 할 수 있는 일은 많이 있을 것입니다. 이를 실현할 수 있다면, 요즘 문제가 되는 툭하면 폭발하는 아이나 등교 거부하는 아동이 줄어드는 등의 좋은 성과를 기대할 수 있습니다.

깊이 공감하는 아이로

교육 현장이 공감 뇌를 키우는 데 그다지 열정을 보이지 않는 이유는, 깊이 공감하는 커뮤니케이션 능력을 키워도 점수로 나타낼 수 없기 때문입니다.

시간이 많이 필요하거나 평가하기 어려운 일은 최대한 피하는 것이 현재 학교 교육이니까요. 점수화 교육은 가르치는 쪽에게도 간단하고 알기 쉬운 교육법입니다. 하지만 교육의 주역은 어디까지나 아이입니다.

아이의 뇌 발달을 고려하지 않는 교육을 계속 진행하면 공감 뇌를 소홀히 하게 되어 배려심 없고 자기중심적인 인간을 사회에 내보낼지도 모릅니다.

학교 성적이 아무리 우수해도 '남의 기분을 파악하지 못하는 수재'는 아무래도 곤란하지요. 최소한 가정에서만이라도 아이를 위하자는 의식을 단단히 확립했으면 좋겠습니다.

딸아이에게
꼭 알려 주어야 할 것들

—

세로토닌적인 여자아이와 도파민적인 남자아이라는 성별 차이는 삶의 방식이나 행복을 찾는 방식에서도 차이를 가져옵니다.

여자아이가 자연스럽게 느끼는 행복은 친구를 사귀고 주변과 공생하며 다양한 인생의 즐거움을 경험하는 삶에서 옵니다. 한편, 남자아이는 목표를 향해 일직선으로 나아가고 경쟁 사회에서 이겨서 성과를 손에 넣을 때 만족감을 얻습니다.

하지만 점차 사회가 바뀌고 여성의 뇌도 세로토닌적인 특성을 바꿔 자신이 가진 능력을 활용하며 도파민적으로 사는 여성이 많아졌습니다.

여성과 남성은 능력적으로 완벽하게 대등하므로 사회가 여성을 받아들여 여성의 삶에 선택지가 다양해졌습니다. 다만, 여성의 일생을 쭉 살펴볼 때, 오로지 도파민적으로 치우쳐 남성과 나란히 살아가는 길 그 너머에 행복만이 기다린다고 장담할 수는 없습니다. 이 사실을 먼저 엄마가 인식하고 적당한 때에 딸에게 알려 주면 좋겠습니다.

성별 차이에 의한 신체 차이, 뇌의 차이는 엄연한 사실이므로 타고난 바를 거스르지 않고 뇌에 솔직하게 살아가면서 진정한 행복을 얻는 길을 전하고 싶습니다.

여자 인생의 첫 변화, 사춘기

여성의 인생에는 단락이 나뉘는 시기가 있습니다. 최초의 시기는 월경이 시작하는 사춘기입니다. 여성으로서 인생의 시작 지점이라고 할 수 있지요. 여성 호르몬 에스트로겐의

여자아이의 뇌

여자아이의 발달 단계에 맞춰 변하는 뇌

영향을 받으며 세로토닌을 점점 활성화하면서 여성스러움을 얻습니다. 한편, 의욕 뇌도 성장하므로 고등학생쯤 되면 구체적으로 장래 희망을 품고, 목표를 향해 노력할 수 있습니다.

의욕 뇌가 발달한 아이는 공부를 열심히 해 대학을 졸업하고 원하는 직업을 얻어 좋은 평가를 받으며 커리어를 쌓으려는 도파민적인 삶을 선택합니다.

반대로 사회적인 활약보다 사람과의 연대를 우선하는 아이는 세로토닌적인 길을 선택해 그에 어울리는 일을 하며 사생활을 충실하게 누리고, 이윽고 따뜻한 가정을 구축할 것입니다.

이 둘 중 무엇이 좋다는 뜻이 아니고, 제각각 자유롭게 자신의 길을 선택해 원하는 삶을 살면 됩니다.

두 번째 변화,
임신과 출산

여자의 인생에 변화를 맞이하는 두 번째 시기는 임신과 출산입니다. 이때는 도파민적인 여성도 어느 지점에서 일단은

휴식을 염두에 둬도 좋지 않을까요? 제 생각은 그렇습니다.

'아직은 내가 원하는 바를 이루지 못했으니까 커리어를 더 쌓고 싶어.'

이런 마음이 강해서 결단을 내리기 어려운 사람도 많겠지요. 실제로 서른을 넘어서도 부지런히 일하는 사람이 많습니다. 하지만 그런 사람 중에 결혼이나 출산에 대한 마음을 억지로 억누른 사람이 있을지도 모릅니다.

요즘 사람들은 사랑하는 사람과 결혼해 아이를 낳고 싶은 자연스러운 의지, 뇌의 작용을 억누르는 것은 아닐까 걱정됩니다. 사람과의 유대를 원하고 결혼해서 아이를 낳아 가정을 꾸리는 일도 분명한 행복임을 여성은 본능적으로 알고 있습니다.

출산 후에는 마구 분비되는 옥시토신의 영향으로 세로토닌도 풍부하게 나오지요. 세로토닌의 작용에 순수하게 따라 유대를 최우선으로 여기면서 아이와 보내는 시간은 충만한 행복감에 흠뻑 감싸이는 시간입니다. 세로토닌적인 생활 속에 자신을 마음껏 해방하면 좋겠습니다.

딸의 행복을 위한
뇌 공부

여성도 남성도 언젠가는 세로토닌적인 삶으로 전환하는 날이 반드시 옵니다. 여성에게 그런 계기가 조금 일찍 찾아올 뿐입니다. 도파민적으로만 사는 것이 아니라 세로토닌적인 삶을 동시에 살면서 온몸을 촉촉하게 채워 주는 행복감을 경험하는 것. 어쩌면 이것이 여성만이 누릴 수 있는 특권이 아닐까요?

부모는 의욕적으로 살고 자기 꿈을 이루려는 딸의 마음을 뒷받침해 주는 동시에 딸에게 여성의 삶에는 중요한 시기가 있다는 사실을 알려 주어야 합니다.

지금까지 여자아이의 일생이 행복해지기 위해서 부모로서 알려 줄 이야기들을 다뤘습니다. 여자아이의 뇌를 이해하고 일상에서 실천하면서 아이와 행복한 시간을 보내기를 바랍니다.

- 식생활 관리는 여자아이의 '뇌 육성'에 굉장히 중요하다. '무엇을 먹는지'라는 것뿐만 아니라 '어떻게 먹는지'도 아주 중요하다.

- 세로토닌 활성화의 효과는 최소한 3개월은 걸린다. 하루 5~10분 동안을 3개월 동안 이어가는 것을 목표로 삼고 시작해 보라.

- 아이의 사춘기 시절에는 같은 눈높이에 서서 진심으로 대하는 자세가 필요하다.

- 엄마와 아빠에게서 애정과 신뢰의 호르몬 옥시토신이 넉넉하게 분비되면, 아이의 뇌를 안정시키는 세로토닌 활성화가 이루어진다.

- 딸에게 여성의 삶에는 중요한 시기가 있다는 사실을 알려주면서, 여성으로 태어나 여성만이 누릴 수 있는 특권에 대해 이야기를 나누어 본다.

뇌과학이 알려 주는 딸 육아의 모든 것

여자아이의 뇌

1판 1쇄 2023년 7월 31일
1판 2쇄 2023년 9월 7일

지은이 아리타 히데호
옮긴이 이소담
펴낸이 유경민 노종한
책임편집 박지혜
기획편집 유노라이프 박지혜 구혜진 **유노북스** 이현정 함초원 조혜진 **유노책주** 김세민 이지윤
기획마케팅 1팀 우현권 이상운 **2팀** 정세림 유현재 정혜윤 김승혜
디자인 남다희 홍진기
기획관리 차은영
펴낸곳 유노콘텐츠그룹 주식회사
법인등록번호 110111-8138128
주소 서울시 마포구 월드컵로20길 5, 4층
전화 02-323-7763 **팩스** 02-323-7764 **이메일** info@uknowbooks.com

ISBN 979-11-91104-71-4(13590)